Tasty Food
食在好吃

大厨教你巧手拌
蔬菜沙拉

甘智荣 主编

U0312072

江苏凤凰科学技术出版社

图书在版编目（CIP）数据

大厨教你巧手拌蔬菜沙拉 / 甘智荣主编 . — 南京：江苏凤凰科学技术出版社，2015.7（2019.11 重印）
（食在好吃系列）
ISBN 978-7-5537-4238-0

Ⅰ．①大… Ⅱ．①甘… Ⅲ．①蔬菜 – 沙拉 – 菜谱
Ⅳ．① TS972.121

中国版本图书馆 CIP 数据核字 (2015) 第 049018 号

大厨教你巧手拌蔬菜沙拉

主　　　编	甘智荣	
责 任 编 辑	葛　昀	
责 任 监 制	方　晨	
出 版 发 行	江苏凤凰科学技术出版社	
出版社地址	南京市湖南路 1 号 A 楼，邮编：210009	
出版社网址	http://www.pspress.cn	
印　　　刷	天津旭丰源印刷有限公司	
开　　　本	718mm×1000mm　1/16	
印　　　张	10	
插　　　页	4	
版　　　次	2015年7月第1版	
印　　　次	2019年11月第2次印刷	
标 准 书 号	ISBN 978-7-5537-4238-0	
定　　　价	29.80元	

图书如有印装质量问题，可随时向我社出版科调换。

让你爱上蔬菜沙拉

近年来，随着生活水平的提高，人们的养生意识逐渐增强，越来越多的人开始推崇以素食为主的饮食方式，蔬菜受到了更多人的关注。

蔬菜沙拉就是以蔬菜为主的素食菜肴代表，它简单、美味，易于制作，并且富含多种维生素和矿物质。蔬菜中含有的维生素C、维生素E、纤维素以及胡萝卜素，除了能开胃消食、美容瘦身外，还在提高人体免疫力、预防疾病方面发挥着重要的作用。

另外，蔬菜沙拉的制作方式最大限度地保留了食物的原汁原味，避免了食物的营养元素遭到破坏，是天然健康的营养菜品，受到了养生人士的极大喜爱。营养专家曾说："很多现代人营养过剩，最容易改变现代人营养状态的方法就是多食用蔬菜沙拉。"

本书汇集了多款营养健康的蔬菜沙拉，从健胃消食、纤体瘦身、美容养颜、延缓衰老、强身健脑五大方面入手，为你推荐了具有不同营养功效的蔬菜沙拉。你可以根据自己的身体状况，选择适合自己的蔬菜沙拉。无论是减肥、护肤养颜，还是强身健脑，只要选对食材，合理搭配，美味的蔬菜沙拉都可以帮你轻松达到目的。

蔬菜沙拉如此营养美味，制作会不会很难呢？食材要选择什么？提到蔬菜沙拉，很多人会想到西餐店中满满蛋黄酱和沙拉酱的生菜叶。

其实蔬菜沙拉的原料、做法都极为简单，也并非如一些人所想的那样单调，从冰箱内拿出你喜欢的新鲜蔬菜和需要的调料，参照本书步骤制作，一道美味无比的蔬菜沙拉就会在你手中轻松完成。即使你毫无做菜经验，只要跟着本书的指导，就可以在家亲手完成，几分钟即可搞定。

在阳光明媚的日子，柔柔的光线轻洒在阳台上，来一份清爽开胃的蔬菜沙拉是个不错的选择。在你的巧手巧思下，暗淡、生涩的蔬菜瞬间变得温婉明艳，变换着不同的口味。健康饮食，绿色饭桌，从做第一道蔬菜沙拉开始。

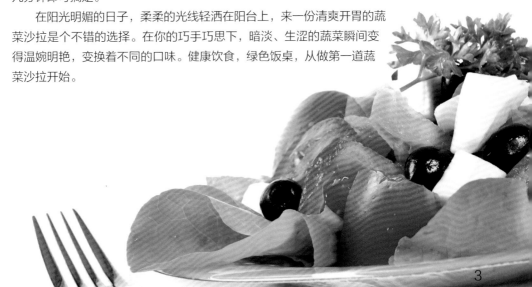

目录　Contents

沙拉基础知识

PART 1
健胃消食沙拉

PART 2
纤体瘦身沙拉

PART 3
美容养颜沙拉

PART 4
延缓衰老沙拉

PART 5
强身健脑沙拉

沙拉文化漫谈

英语中 Salad（沙拉）的字源，由法文的 Salade 演变而来，而法文的 Salade 又源自古拉丁文的 Salt，意思是"加了盐的"。盐在最早的沙拉中扮演了一个重要的角色。

在中世纪时，人们经过一个冬天，早就吃腻了腌肉腌菜，十分盼望能吃到鲜嫩爽口的蔬菜水果，格林童话的《长发公主》中怀孕的妈妈想吃女巫园中种的蔬菜，可以说是这种心情的写照。当时的沙拉中的材料已经十分多变，包括了许多在今日仍然十分受欢迎的蔬菜。公元 1699 年，John Evelyn 写了一本沙拉的专书 *Acetaria: A Discourse of Sallets*，记录了一些被采用的沙拉材料如芹菜，还记录了来自荷兰和意大利的沙拉食谱。

一般而言，沙拉通常以生鲜的绿色蔬菜为主，配上其他生鲜或已煮熟的配料，淋上酱汁而成。随着饮食的发展，今日的沙拉不再只是冷食、前菜、配菜的角色，也不一定有绿色的蔬菜，更多的材料被应用在这道世界各地都有的美食中，依照不同的物产、文化、时机等呈现不同的组合风味。

依照西餐的惯例，沙拉可以分为三种：

1. 生菜沙拉

作为前菜，以蔬菜为主淋上酱汁，单独成一品。

2. 配菜沙拉

使用蔬菜、谷类、面类、豆类、水果和其他食物搭配着吃，如牛排旁的配菜就属这一种。

3. 主菜式沙拉

除了蔬菜类，还使用各种肉类鱼鲜，并搭配酱汁。一道主菜式沙拉等于一份全餐，材料更多，因此所有的材料和酱汁都需要谨慎地混配以免味道和口感的冲突。

沙拉虽然是流行于世界各地的开胃菜，不过其配酱在不同的地方却各不相同。在美国，沙拉的配酱相对比较丰富，而且使用较为普遍；在西欧，传统的欧洲人更喜欢使用一种叫作 vinaigrette（油醋汁）的传统沙拉酱，是由多种香料制成的；而东欧国家，则偏爱于食用蛋黄酱。在我国，沙拉酱的使用受到东欧的影响比较大，通常食用蛋黄酱或者基于蛋黄酱二次加工的沙拉酱。

常食蔬菜沙拉好处多

用于做蔬菜沙拉的水果、蔬菜都是热量非常低、新鲜、营养丰富的食物，各种时鲜的水果或脆嫩的蔬菜统统都可以入菜，常食好处多。

蔬菜沙拉中含有丰富的纤维食物

蔬菜沙拉中的食材多数属于高纤维食物。食用高纤维食物能帮助我们降低胆固醇含量和防治便秘。

蔬菜沙拉中含有蔬菜、水果的健康成分

如果你经常吃绿色沙拉，你的血液中可能含有高浓度的抗氧化剂（维生素 C、维生素 E、叶酸、番茄红素、α - 胡萝卜素和 β - 胡萝卜素）。抗氧化剂保护身体不受一种叫作自由基的有害物质的侵害。近几年，研究者注意到了多吃蔬菜与降低疾病（特别是癌症）发生概率之间的联系。美国癌症协会最新研究表明，即便是嗜烟、酗酒的人群，只要摄入丰富的蔬菜、水果也能降低头部与颈部发生癌变的概率。青豆、胡椒粉、西红柿、胡萝卜、苹果、油桃、李子、梨子、草莓等食物被发现含有具有显著抗癌作用的物质。

降低热量，增加饱腹感

如果你的目标是减肥，你应该吃点绿色沙拉。研究表明，减肥的第一步是吃低热量的食物，一份绿色沙拉只含有 150 卡路里甚至更少些，能帮你增加饱腹感从而减少摄入其他食物的卡路里。

吸收单不饱和脂肪酸

通过蔬菜摄入一些优质脂肪酸，能帮助身体吸收具有保护作用的植物成分，如番茄红素和叶黄素。美国最新研究表明，当人食用沙拉后对植物成分的吸收有促进作用，研究用的沙拉由莴苣叶、胡萝卜和菠菜混合而成，里面加上 1 汤匙鳄梨沙拉或不加。吃了加入鳄梨沙拉的试吃人员比其他未吃人员多吸收到 8 倍 α - 胡萝卜素和超过 13 倍的 β - 胡萝卜素（胡萝卜素被认为能预防癌症和心脏病）。

做蔬菜沙拉的常用工具

刀具和砧板

大多数沙拉原料都是生食，所以在原料的清洗和处理时需要特别注意卫生，尤其是刀具和砧板，应保证干净和卫生，并在每切一次食材后都要清洗干净。

滤盆或竹篮

潮湿的菜叶不但会稀释酱汁，也有损沙拉的爽脆度，所以菜叶洗净后一定要彻底沥干水分。使用蔬菜滤盆或竹篮，可快速地沥干水分，这样有利于保持沙拉的美味。

研钵

研钵是调制少量沙拉酱汁或磨碎材料时使用的工具，可将加入的沙拉材料（如酸豆和新鲜香草）捣碎，有利于调匀酱汁。

沙拉拌匙和大碗

为方便混合沙拉食材，也有助于食材均匀蘸裹酱汁，搅拌沙拉时，由于酱汁多属酸性，容易与金属产生反应，最好使用木质或其他非金属制的拌匙与容器。

搅拌器

搅拌器在调制沙拉酱时非常好用，宜选用品质优良、不锈钢的材质。

罐子

在搅拌沙拉酱汁或保存酱汁时，罐子都是非常理想的容器。应挑选瓶口稍大且附带密封盖子的罐子，切忌选择金属容器，金属容器容易导致酱汁变质。

蔬菜沙拉的选材要领

制作一份美味的沙拉，选材很关键。食材的新鲜度直接关系口感，而食材颜色搭配的美感度则直接影响沙拉的"卖相"。

看颜色

蔬菜品种繁多，营养价值各有千秋。总体上可以按照颜色分为两大类，一类为深绿色蔬菜，如菠菜、苋菜等，这类蔬菜富含胡萝卜素、维生素 C、维生素 B_2 和多种矿物质；一类为浅色蔬菜，如大白菜、生菜等，这些蔬菜富含维生素 C、胡萝卜素，但矿物质的含量较低。需要注意的是，有的蔬菜颜色不正常，如菜叶失去平常的绿色而呈墨绿色，青豆碧绿异常等，它们在采收前可能喷洒或浸泡过甲胺磷农药，不宜选购。

看形状

正常的蔬菜，一般是常规栽培、未用激素等化学品处理过的，可以放心地食用。"异常"蔬菜则可能用激素处理过，应避免食用。如韭菜，当它的叶子特别宽大肥厚，比一般宽叶韭菜宽 1 倍时，就可能在栽培过程中用过激素。未用过激素的韭菜叶较窄，吃时香味浓郁。

看种类

许多消费者认为，蔬菜叶子虫洞较多，表明没打过药，吃这种菜安全。其实，这是靠不住的。蔬菜是否容易遭受虫害是由蔬菜的不同成分和气味的特异性决定的。有的蔬菜特别为害虫所青睐，例如上海青、大白菜、包菜、花菜等。不得不经常喷药防治，势必成为污染重的多药蔬菜。各种蔬菜施用化肥的量也不一样，氮肥（如尿素、硫酸铵等）的施用量过大，会造成蔬菜的硝酸盐污染比较严重。通过市场上蔬菜抽检发现，硝酸盐含量由强到弱的排列是：根菜类、薯芋类、绿叶菜类、白菜类、葱蒜类、豆类、瓜类、茄果类、食用菌类。其规律是蔬菜的根、茎、叶的污染程度远远高于花、果、种子。这个规律可以指导我们正确消费蔬菜，尽可能多吃些瓜、果、豆和食用菌，如黄瓜、西红柿、青豆、香菇等。

蔬菜沙拉材料的清洗

醋水浸泡

取 3 ~ 5 滴食醋，加入清水中，制成醋水；将待洗蔬菜于水中浸泡 8 分钟左右，捞出用清水冲洗干净，蔬菜会比较鲜亮新鲜。

淡盐水浸泡

一般蔬菜先用清水冲洗 3 ~ 6 遍，然后泡入淡盐水中，再用清水冲洗一遍。包心类蔬菜可先切开，放入淡盐水中浸泡 1~2 小时，再用清水冲洗，以清除残留的农药。

开水烫

对蔬菜上残留的农药最好的清除方法是烫，如彩椒、菜花、豆角、芹菜等，在下锅前最好先用开水烫一下。据试验，此法可清除 90% 的残留农药。

淘米水浸泡

因为我国目前大多用有机磷农药杀虫，这些农药一遇酸性物质就会失去毒性，所以，蔬菜在淘米水中浸泡 10 分钟左右再用清水洗，能减少残留的农药。

碱水浸泡法

在清水中加入少许碱粉，搅匀碱水，放入待洗蔬菜，浸泡 6 分钟左右，换清水冲洗干净。也可以在清水中加入小苏打配制碱水，但需适量加长浸泡时间，一般是 10 分钟左右。

蔬菜沙拉材料的保存

蔬菜买回来适合竖着放而不是平放，竖着放的蔬菜生命力强，叶绿素、含水量、维生素等比平放保存得更好。蔬菜也不宜切开存放，蔬菜切开后，营养素会快速流失，还容易氧化，同时增加了微生物入侵的机会，容易造成变质腐烂。也不要把新买来的蔬菜堆在一起摆放，这样很容易腐烂变质，要分开来一一摆放，避免互相挤压，保鲜更长久。另外，在带叶子的蔬菜上，洒少许水，用干净的纸包起来，存放于阴凉处或者冰箱中，可延长保存时间。一般蔬菜最多保存一周左右，最好现买现做，营养价值会更高。

制作蔬菜沙拉的窍门

制作蔬菜沙拉看似简单，其实也有很多制作窍门，了解这些窍门，能帮助你更好地制作出美味的沙拉。

第 1 招 新鲜食材为首选

蔬菜的种类和数量可随个人口味随意增减，但蔬菜沙拉原料要选新鲜蔬菜，蔬菜切后装盘，摆放时间不宜过长，否则会影响其美观，也会使蔬菜的营养流失。

第 2 招 蔬菜冰泡保翠绿

蔬菜一般会放在冰箱冷藏室中储存，最能延长保质期，但会失去一些水分。可以将蔬菜放在冰水中浸泡，这样可以减少水分流失，蔬菜的颜色也比较翠绿。

第 3 招 手撕叶菜保新鲜

在制作蔬菜沙拉时，叶菜最好用手撕，以保新鲜，例如白菜、生菜等。食用时，如果叶菜较大的话，可刀叉并用切成小块，一次只切一块为宜。

第 4 招 水果摆放不宜久

蔬菜沙拉中如果加有水果，应该选用新鲜的水果，水果洗切装盘以后，摆放的时间不宜过长，否则会影响水果的美观，也会使水果的营养价值降低。

第 5 招 选择器皿很重要

沙拉酱中醋的酸性会腐蚀金属器皿，特别是铝制器皿，释放出的化学物质不仅会破坏沙拉的原味，对人体也有害。因此，最好选择木质、玻璃、陶瓷材质的器具。

第 6 招 调制比例定口味

沙拉酱的调制是制作蔬菜沙拉很重要的一步，它决定着制作沙拉的口味。调制沙拉酱要用上等的沙拉油和新鲜的鸡蛋黄，二者的比例约为 1：1。

第 7 招 减肥少吃蛋黄酱

需要减肥瘦身者，制作蔬菜沙拉时应尽量避免使用蛋黄酱，蛋黄酱热量极高，1汤匙蛋黄酱含热量460卡路里，含脂肪12克，比相同分量的巧克力还高。

第 8 招 酸奶调稀沙拉酱

放有蛋黄的沙拉酱一般比较黏稠，拌蔬菜沙拉时不易搅拌均匀。在沙拉酱内调入酸奶，可调稀固态的蛋黄沙拉酱，用来拌蔬菜沙拉味道会更好。

第 9 招 炼乳可以减酸味

商场买回来的沙拉酱有些会偏酸，不喜欢食酸者，可以加入一些炼乳减轻沙拉酱的酸味，二者比例约为 3：1，即 3 份沙拉酱加 1 份炼乳。

第 10 招 调料增鲜来保味

为了让蔬菜沙拉更加美味，咸沙拉酱在调制的过程中还要加入适量的芥末油、胡椒粉、盐等。制作者也可以根据自己的口味添加喜欢的调味料。

第 11 招 加橄榄油有绝招

凡需添加橄榄油的沙拉酱，一定要分次加入橄榄油，并且要慢慢拌匀至呈现乳状，才不会出现不融合的分离状。如已出现分离状，只能加强搅拌使之重新融合。

第 12 招 上桌再加沙拉酱

沙拉菜品现做现吃，如果不马上食用，最好不要先加入沙拉酱调味，等上桌时再将酱汁拌匀。只有这样，才能保证蔬菜沙拉良好的口感和外观。

PART 1

健胃消食沙拉

吃多了油腻食物，什么食物能刺激你的味蕾，让你大快朵颐呢？不妨制作一道清爽开胃的沙拉，来调理一下肠胃。下面推荐一些开胃消食、简单易上手的沙拉，为你的厨房增添一抹靓丽的色彩！

生菜面包沙拉

材料

生菜 80 克，胡萝卜 20 克，烤面包、橄榄油、盐、沙拉酱各适量

做法

❶ 生菜洗净；胡萝卜洗净，去皮切条；烤面包切小块。

❷ 将上述材料放入盘中，加入少许橄榄油、盐拌匀，食用时，放入沙拉酱拌匀即可。

圣女果黄瓜沙拉

材料

圣女果 150 克，黄瓜 100 克，黑橄榄 80 克，罗勒叶少许，橄榄油、奶酪各适量

做法

❶ 圣女果清洗干净，切半；黄瓜清洗干净，切成片状；罗勒叶洗净；黑橄榄去核；奶酪切成小块。

❷ 将上述食材装盘，加橄榄油，拌匀即可。

酸豆角圣女果沙拉

材料

黄瓜、玉米、红腰豆、腰果、酸豆角各 10 克，圣女果适量，橄榄油、盐、白糖、醋各少许

做法

❶ 黄瓜洗净，切成片；红腰豆、腰果洗净，焯熟；圣女果洗净，对半切；玉米煮熟，刨粒备用。

❷ 将上述食材及酸豆角装盘，加橄榄油、盐、白糖和醋拌匀即可。

苹果甜菜根沙拉

材料

甜菜根 200 克，苹果 120 克，青菜 50 克，白兰地酒、白糖各适量

做法

❶ 甜菜根洗净，削皮，切丁，焯水至断生；苹果洗净，沥干水分后切丁；青菜洗净，切丝。

❷ 将苹果和甜菜根摆入盘中，再放入青菜；淋入适量白兰地酒，倒入少许白糖，搅拌均匀即可。

彩椒胡萝卜沙拉

材料

彩椒 150 克，胡萝卜 80 克，西红柿 50 克，包菜 50 克，罗勒叶少许，橄榄油 12 毫升，醋、盐、白糖各适量

做法

❶ 将彩椒、胡萝卜、西红柿、包菜、罗勒叶洗净切好。

❷ 将彩椒、胡萝卜焯水，捞出和其他材料一起摆入盘中，用醋、盐、白糖调味即可。

香芹彩椒沙拉

材料

香芹叶、紫苏、菠菜叶各 40 克，葱、彩椒各 15 克，橄榄油 10 毫升，盐、油醋汁、沙拉酱各适量

做法

❶ 香芹叶、紫苏、菠菜叶洗净备用。

❷ 彩椒洗净，切成圈；葱洗净，取葱白切成小段。

❸ 将上述食材放碗中，加橄榄油、盐拌匀，淋上油醋汁，食用时加沙拉酱拌匀即可。

四季豆圣女果沙拉

材料

四季豆 210 克，圣女果适量，色拉油 10 毫升，蒜蓉、醋、盐各适量

做法

❶ 四季豆择洗干净，沥干水后备用；圣女果洗净，对半切开。

❷ 将四季豆放入沸水中焯熟后捞出，倒入盘中，然后放上圣女果。

❸ 取一小碟，倒入色拉油，拌入蒜蓉、醋、盐，调成料汁。

❹ 将调好的料汁淋在沙拉上，拌匀即可。

小贴士

　　四季豆富含蛋白质和多种氨基酸，常食可健脾胃，增进食欲。

冰淇淋球沙拉

材料

圣女果 100 克，冰淇淋 50 克，罗勒叶少许，橄榄油、胡椒粉各适量

做法

❶ 圣女果洗净，对半切开；冰淇淋挖小球；罗勒叶洗干净。

❷ 将圣女果、冰淇淋球装入盘中。

❸ 将橄榄油淋在食材上，撒上胡椒粉。

❹ 饰以罗勒叶即可。

小贴士

　　冰淇淋是用牛奶、奶酪等与一些甜品和其他调味料混合制成的冰凉食品，可调节生理功能。圣女果具有增进食欲、补血养血的功效，两者搭配食用，有生津止渴、健胃消食的功效。

樱桃萝卜橄榄沙拉

材料

樱桃萝卜50克，橄榄20克，西红柿50克，洋葱35克，黄瓜、生菜各适量，苹果醋5毫升，橄榄油15毫升，盐1克

做法

❶ 洋葱洗净，切条；樱桃萝卜洗净，切片；西红柿洗净，切块；黄瓜洗净，去皮，切片；生菜洗净，切好；橄榄洗净。

❷ 将上述食材装盘备用。

❸ 取一小碟，倒入橄榄油、苹果醋、盐一同调成料汁。

❹ 将调好的料汁淋在沙拉上，拌匀即可。

小贴士

　　樱桃萝卜富含维生素C、矿物质、芥子油、木质素等多种成分，生食可促进肠胃蠕动，增进食欲，帮助消化。

洋葱

西红柿

彩椒包菜沙拉

材料

包菜 200 克，彩椒、葱花、莳萝各适量，橄榄油 15 毫升，香醋 10 毫升，芥末、盐、胡椒粉各适量

做法

❶ 包菜洗净切丝。
❷ 彩椒洗净，去籽，切丁。
❸ 莳萝洗净。
❹ 将包菜放入玻璃碗中，放入彩椒、葱花和莳萝，加入橄榄油、香醋、芥末、盐、胡椒粉拌匀即可。

小贴士

　　彩椒性温、味甘，含有丰富的维生素 C，可生食或熟食，有温中健脾、散寒除湿、开胃消食的良好功效。

彩椒洋葱沙拉

材料

洋葱、黄瓜、彩椒、西红柿各 50 克，葱少许，油醋汁、盐、橄榄油各适量

做法

❶ 洋葱洗净，切圈。
❷ 黄瓜洗净，切块。
❸ 彩椒洗净，切块。
❹ 葱洗净，切葱花。
❺ 西红柿洗净，切片。
❻ 将洋葱、黄瓜、彩椒、西红柿一同放入碗中，加入油醋汁、盐、橄榄油拌匀，撒上葱花即可。

小贴士

　　洋葱被称为"蔬菜皇后"，它富含钾、维生素 C、叶酸、锌、硒及纤维质等营养素，具有祛痰、利尿、健胃润肠、解毒杀虫等功能。

欧洲菊苣沙拉

材料

欧洲菊苣 170 克，橙子 100 克，橄榄油、红酒醋各适量，盐、白糖各少许

做法

❶ 将欧洲菊苣洗净，切成小片。

❷ 橙子洗净，去皮，切小块。

❸ 将欧洲菊苣、橙均装入碗中。

❹ 取一小碟，里面加入橄榄油、红酒醋、盐、白糖，拌匀，调成料汁。

❺ 将料汁均匀地淋在食材上即可。

小贴士

橙子中维生素 C、胡萝卜素的含量高，能软化和保护血管、降低胆固醇和血脂。其味道清爽，能刺激食欲，起到健胃消食的功效。

黄瓜丁干奶酪沙拉

材料

黄瓜 200 克，干奶酪、葱、奶油酱各适量

做法

❶ 黄瓜洗净，削皮，切丁。

❷ 取出适量干奶酪，切丁备用。

❸ 葱洗净，控干水分后切葱花。

❹ 将黄瓜、干奶酪均放入碗中，然后撒入适量葱花。

❺ 最后将奶油酱拌入沙拉中即可。

小贴士

干奶酪的营养价值很高，含有丰富的蛋白质、乳脂肪、无机盐和维生素及其他微量成分等，对人体健康大有好处。此外，干奶酪还是具有抗癌功效的为数不多的食品之一。

黄瓜蒜蓉沙拉

材料

黄瓜100克，蒜10克，姜1块，盐2克，芥末、糖、苹果醋、辣酱各适量

做法

❶ 将黄瓜洗干净，然后切成段；蒜洗净后捣蓉；姜洗净后切成末。

❷ 将黄瓜用盐腌10分钟。

❸ 将腌过的黄瓜各划开一刀，将蒜、姜、芥末、糖、苹果醋、辣酱调成糊状，塞入黄瓜缝中即可。

小贴士

　　黄瓜中含有的葫芦素C具有提高人体免疫功能的作用，常食可达到抗肿瘤目的；黄瓜中所含的丙氨酸、精氨酸和谷胺酰胺对肝脏病患者，特别是对酒精性肝硬化患者有一定辅助治疗作用，可防治酒精中毒。

萝卜叶洋葱沙拉

材料

白萝卜叶100克，葱段、蒜各5克，彩椒20克，洋葱、姜、盐、虾味泡菜酱各适量

做法

❶ 将白萝卜叶洗净切段，入虾味泡菜酱浸制；蒜、姜、洋葱洗净，蒜和姜剁碎，洋葱切成丝；彩椒去梗及籽，切成块。

❷ 将上述食材装盘，拌入盐、虾味泡菜酱，拌匀即可。

小贴士

　　白萝卜叶中含丰富的维生素A、维生素C等各种维生素，能防止皮肤的老化，其口味清爽，很适合食欲不振者食用。

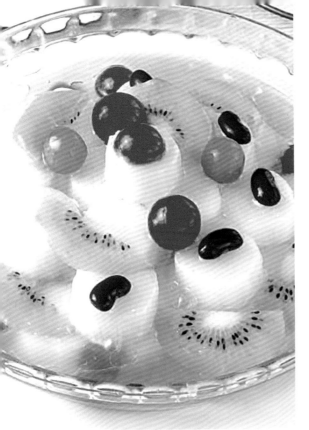

山药果味沙拉

材料

猕猴桃 50 克，山药、荸荠各 80 克，红腰豆 50 克，红樱桃、绿樱桃共 100 克，白糖、蜂蜜、酸奶各适量

做法

❶ 猕猴桃洗净，去皮切成半月形；红腰豆焯水后捞出；将山药、荸荠洗净，去皮后切块，焯熟；红樱桃、绿樱桃洗净备用。

❷ 将上述食材装盘。

❸ 放入白糖、蜂蜜、酸奶搅拌均匀即可。

小贴士

　　荸荠具有清热解毒、凉血生津、化湿祛痰、消食除胀等功效，可用于辅助治疗黄疸、痢疾、小儿麻痹、便秘等疾病，对降低血压也有一定效果，常食还有防治癌症的功效。

西葫芦西红柿沙拉

材料

西葫芦 150 克，茄子 50 克，西红柿 2 个，盐 3 克，橄榄油 5 毫升，葱末、蒜泥各适量

做法

❶ 将西葫芦用清水洗干净，切成块，入沸水焯熟，捞出备用。

❷ 将茄子清洗干净，切成圈，入沸水焯熟，捞出备用。

❸ 将西红柿用清水洗净，切成块。

❹ 将西葫芦、茄子、西红柿装盘，撒上葱末，加入蒜泥和橄榄油拌匀即可。

小贴士

　　茄子的营养较丰富，含有蛋白质、脂肪、碳水化合物、维生素以及钙、磷、铁等多种营养成分，具有清热止血、降压降脂、消肿止痛、保护心血管、延缓衰老等功效。

紫叶生菜沙拉

材料

紫叶生菜 50 克，生菜 50 克，黄瓜 50 克，西红柿 1 个，奶酪丁、彩椒各少许，橄榄油、盐、醋各适量

做法

❶ 紫叶生菜和生菜择洗干净，沥干水分。

❷ 黄瓜洗净，切长片。

❸ 西红柿洗净，切片。

❹ 彩椒洗净，切条。

❺ 取一盘，放入以上所有食材。

❻ 加入奶酪丁、橄榄油、盐和醋，拌匀即可。

小贴士

　　紫叶生菜极富营养价值，含有花青素、胡萝卜素、维生素和矿物质，有助消化、刺激血液循环、抗衰老和抗癌的功效。

黄瓜甜菜根沙拉

材料

甜菜根 80 克，樱桃萝卜 60 克，黄瓜 50 克，洋葱、上海青各适量，色拉油、醋各适量，盐 1 克，胡椒粉、肉桂粉各少许

做法

❶ 甜菜根洗净，削皮，切片，焯水至断生；樱桃萝卜洗净，切薄片；黄瓜洗净，切片；洋葱洗净，切丝；上海青洗净焯熟。

❷ 将上述食材摆盘；取小碗，倒入色拉油、醋、盐、胡椒粉、肉桂粉，调成料汁。

❸ 食用时，将调好的料汁淋在食材上即可。

小贴士

　　上海青含有大量胡萝卜素和维生素 C，有助于增强机体免疫力。

生菜黄瓜黑橄榄沙拉

材料

生菜 70 克, 黄瓜 60 克, 圣女果 80 克, 黑橄榄、彩椒各 50 克, 橄榄油、醋、盐、白糖各适量

做法

❶ 生菜择洗干净, 控干水分备用; 黄瓜清洗干净, 切成薄片。

❷ 圣女果、黑橄榄均清洗干净, 沥干水分。

❸ 彩椒洗净, 去籽, 切圈。

❹ 将以上食材均放入碗中。

❺ 调入橄榄油、醋、盐和白糖, 拌匀即可。

小贴士

在切彩椒时, 可先将刀在冷水中蘸一下, 再切就不会辣眼睛了。

生菜

圣女果

土豆胡萝卜沙拉

材料

土豆 150 克，胡萝卜 100 克，盐 2 克，醋、胡椒粉、橄榄油各适量

做法

❶ 将土豆用清水洗净，去皮，切成长条。

❷ 将胡萝卜用清水洗净，切成长条。

❸ 土豆和胡萝卜分别入沸水焯熟，然后捞出备用。

❹ 将土豆、胡萝卜和盐、醋、胡椒粉、橄榄油一起搅拌均匀即可。

小贴士

土豆具有健脾和胃、益气调中、延缓衰老的功效，胡萝卜具有益肝明目、降糖降脂、增强免疫力的功效，如二者搭配食用，食疗功效更佳。

玉米笋西芹沙拉

材料

玉米笋 30 克，苦菊 20 克，紫叶生菜 20 克，西芹 50 克，洋葱 30 克，圣女果 15 克，橄榄油、盐、醋各适量

做法

❶ 玉米笋洗净，入沸水焯熟；苦菊、紫叶生菜洗净控水；西芹洗净切段，焯熟；洋葱洗净切圈；圣女果洗净切半。

❷ 将上述食材装盘；将橄榄油、盐、醋拌成料汁。

❸ 将料汁淋入盘中，拌匀即可。

小贴士

西芹营养丰富，富含蛋白质、碳水化合物、矿物质及多种维生素等营养物质，还含有芹菜油，具有降血压、镇静、健胃、利尿等功效，是一种保健蔬菜。

酸爽包菜沙拉

材料

包菜 350 克，盐、橄榄油、醋各适量

做法

❶ 将包菜用清水洗干净，然后切成大小相当
的块状。

❷ 将包菜入开水中焯3分钟左右，捞出稍晾。

❸ 将焯过水的包菜和盐、橄榄油、醋一起搅
拌均匀。

❹ 倒进盘中即可。

小贴士

包菜中含有丰富的萝卜硫素，这种物质能
刺激人体细胞产生对身体有益的酶，进而形成
一层对抗外来致癌物侵蚀的保护膜。

圣女果脆片沙拉

材料

墨西哥脆片 100 克，圣女果 10 个，番茄酱
15 克，蚝油 5 毫升，白糖、蒜泥、洋葱末各 5 克，
盐、胡椒粉各少许

做法

❶ 将圣女果用刀子切成十字状模样。

❷ 将圣女果用热水汆烫后，再放入冷开水中
去除外皮。

❸ 将去皮圣女果切成4等份。

❹ 将墨西哥脆片加热后装盘，其余材料一起
混合制成酱。

❺ 食用时，把酱倒入墨西哥脆片即可。

小贴士

圣女果是蔬菜类水果，色泽艳丽，味道爽
口，其维生素含量是普通西红柿的 1.7 倍，具
有生津止渴、健胃消食、增进食欲的功效。

27

罗勒叶甜菜根沙拉

材料

胡萝卜150克，甜菜根250克，绿豆芽40克，葱段50克，罗勒叶50克，芥末、橄榄油、盐、酱油、醋、沙拉酱各适量

做法

❶ 胡萝卜、甜菜根、绿豆芽、罗勒叶分别清洗干净。

❷ 胡萝卜切丝，甜菜根切片，罗勒叶切丝，绿豆芽去头部，分别过水焯熟，沥干。

❸ 将以上材料及葱段装盘，调入芥末、橄榄油、盐、酱油、醋拌匀。

❹ 配以沙拉酱蘸食即可。

小贴士

　　葱具有刺激性气味和特殊香气，有助于增进食欲，缓解疲劳；同时葱有助于促进血液循环，有预防血压升高、降血糖的作用。

西红柿果味沙拉

材料

西红柿100克，苹果、火龙果各50克，奶油适量，苹果沙拉酱1份

做法

❶ 苹果清洗干净后去核，切成块；西红柿洗净切片；火龙果去皮，切块。

❷ 将苹果、西红柿、火龙果放入盘内。

❸ 在西红柿上挤上奶油。

❹ 配以苹果沙拉酱即可。

小贴士

　　此沙拉拌入蜂蜜会更酸甜可口，并且有加快胃肠蠕动、促进消化的作用。

菠菜蒜泥沙拉

材料

菠菜 400 克，清酱 3 克，盐 3 克，葱末 5 克，蒜泥 3 克，白芝麻、辣椒丝各适量，橄榄油 8 毫升

做法

❶ 菠菜清理去根，在根附近划出十字刀纹，用水冲 3~4 次洗净；将清酱、蒜泥、白芝麻、橄榄油、葱末等混合做成调味酱料。

❷ 辣椒丝切段；在锅里倒入水，大火煮至沸腾时放入盐与菠菜，焯烫 2 分钟左右，用水冲洗后挤去水分，切成长 5~6 厘米的段。

❸ 菠菜里加调味酱料拌匀，放上辣椒丝即可。

小贴士

　　菠菜含有胡萝卜素、叶酸、维生素 C 等，能滋阴润燥、通利肠胃、补血止血，对肠胃失调、高血压等症均有一定作用。

青木瓜西红柿沙拉

材料

青木瓜 1 个，西红柿 1 个，花生碎 10 克，彩椒 10 克，蒜 15 克

做法

❶ 将青木瓜洗净后去皮，切开去籽，瓜肉切成细丝状。

❷ 将彩椒、蒜洗净后剁碎；西红柿洗净后切成片。

❸ 将青木瓜、彩椒、蒜、西红柿一起拌匀上碟，上面放花生碎即可。

小贴士

　　花生果实中钙含量极高，钙是构成人体骨骼的主要成分，故多食花生，可以促进人体的生长发育；花生果实中的脂肪油和蛋白质，对妇女产后乳汁不足者，有滋补气血、养血通乳的作用。

圣女果洋葱沙拉

材料

圣女果3个，洋葱1个，胡萝卜1根，黄瓜1根，生菜100克，彩椒1个，紫甘蓝50克，沙拉酱5克，番茄酱10克

做法

❶ 将洋葱、胡萝卜、生菜、彩椒、紫甘蓝、黄瓜洗净，切好；圣女果洗净，备用。

❷ 将以上处理好的食材装入碗内。

❸ 将沙拉酱和番茄酱调匀，淋在食材上即可。

小贴士

　　生菜中富含B族维生素和维生素C、维生素E等，此外还富含膳食纤维以及多种矿物质。生菜可以促进胃肠道的血液循环，能够起到帮助消化的作用。

彩椒西红柿沙拉

材料

彩椒150克，黄瓜50克，西红柿50克，圣女果6个，熟玉米粒25克，熟红腰豆10克，玉米笋80克，奶油、清酒、沙拉酱各1份

做法

❶ 将玉米笋洗净，放入沸水中焯熟备用。

❷ 将彩椒、黄瓜、西红柿洗干净后切片；圣女果洗净，切成两半。

❸ 将所有食材装盘，配以奶油、清酒、沙拉酱即可。

小贴士

　　西红柿具有减肥瘦身、增进食欲等功效，它含有的类黄酮，不仅有降低毛细血管的通透性和防止其破裂的作用，还有预防血管硬化的功效。

洋葱生菜西芹沙拉

材料

紫叶生菜 50 克，圣女果 3 个，西芹 80 克，彩椒 45 克，洋葱 3 克，白兰地酒、奶油、胡椒粉、油醋汁各适量

做法

1. 将西芹、洋葱、彩椒洗净，分别切长条；圣女果洗净，切两半。
2. 将紫叶生菜铺在碟底，将彩椒、洋葱、西芹和圣女果一起装盘。
3. 放白兰地酒、胡椒粉、油醋汁拌匀，挤上奶油即可。

小贴士

　　彩椒能去除菜肴中的腥味，营养价值甚高，具有御寒、增强食欲、杀菌的功效。除了含有丰富的胡萝卜素外，一个彩椒大约还含有超过 100 毫克的维生素 C。

芹菜胡萝卜沙拉

材料

香干、胡萝卜各 25 克，芹菜 250 克，橄榄油 10 毫升，彩椒 10 克，生抽 5 毫升，盐 3 克，海带醋酱 1 份

做法

1. 香干洗净，切成条；芹菜洗净，切段；胡萝卜、彩椒均洗净，切丝。
2. 将香干、芹菜、胡萝卜、彩椒放入加盐的热水中，烫熟，捞起沥干水分，装盘。
3. 将橄榄油、生抽、海带醋酱调成料汁，淋在盘中，搅拌均匀即可。

小贴士

　　香干含有丰富的蛋白质、维生素 A、B 族维生素、钙、铁、镁、锌等营养元素，具有益气宽中、生津润燥、清热解毒和抗癌等功效。

希腊沙拉

材料

黄瓜、奶酪、西红柿各 75 克，生菜 100 克，彩椒 70 克，橄榄、葱花、洋葱丝各适量，迷迭香碎、橄榄油、黑醋、胡椒粉各适量

做法

❶ 黄瓜、西红柿、彩椒洗净，切块；生菜、橄榄均洗净；奶酪切块。

❷ 将生菜铺在盘底，然后摆入黄瓜、西红柿、彩椒、奶酪、橄榄，再放入葱花和洋葱丝，加入橄榄油、黑醋、迷迭香碎、胡椒粉，拌匀即可。

小贴士

生菜的纤维素和维生素 C 含量比白菜要多。生菜除生吃、清炒外，还能与蒜蓉、豆腐、菌菇同炒，这样能使生菜发挥不同的功效。

彩椒苦菊沙拉

材料

彩椒 30 克，苦菊 80 克，洋葱少许，盐、橄榄油、沙拉酱各适量

做法

❶ 彩椒洗净，切成圈。

❷ 苦菊洗净，备用。

❸ 洋葱洗净，切细丝。

❹ 将彩椒、苦菊、洋葱一同放入碗中，加入少许盐、橄榄油拌匀，食用时淋上沙拉酱即可。

小贴士

苦菊中含有丰富的胡萝卜素、维生素 C 以及钾盐、钙盐等，能维持人体正常的生理活动，有促进生长发育和消暑保健的作用。苦菊可用于炒食或凉拌，是清热去火的美食佳品。

彩色圣女果沙拉

材料

青、黄、红圣女果各35克，韭菜、罗勒叶、生菜、苦麦菜、香菜叶各少许，橄榄油13毫升，橙汁、醋各适量

做法

❶ 将青、黄、红圣女果洗净，切块；韭菜洗净，切段；罗勒叶、生菜、苦麦菜、香菜叶均洗净备用。

❷ 将上述食材均倒入玻璃碗中。

❸ 倒入橄榄油、橙汁、醋，拌匀即可。

小贴士

春季的韭菜品质最好，夏季的最差，选购韭菜以嫩叶韭菜为佳。

生菜

橄榄油

柳橙西红柿沙拉

材料

柳橙 100 克，苹果 120 克，西红柿 1 个，西瓜 3 片，圣女果 5 个，柠檬片、沙拉酱各适量

做法

❶ 将西红柿和苹果清洗干净，去皮切成块状；圣女果洗净，切两半；柳橙洗净，切成片。

❷ 将切好的苹果、西红柿调入沙拉酱拌匀，装盘。

❸ 最后摆上其余材料即可。

小贴士

　　柳橙的营养成分中有丰富的膳食纤维、维生素 A、B 族维生素、维生素 C、磷、苹果酸等，对于有便秘困扰的人而言，柳橙中丰富的膳食纤维可帮助其排便。

竹笋彩椒沙拉

材料

竹笋 200 克，彩椒、香菜各适量，盐 3 克，醋 6 毫升，橄榄油 12 毫升，西红柿辣味拌酱 1 份

做法

❶ 竹笋洗净，切成斜段；彩椒洗净，切丝；香菜洗净后备用。

❷ 锅内注水烧沸，放入竹笋、彩椒焯熟后，捞起沥干装入盘中。

❸ 加入盐、醋、橄榄油、西红柿辣味拌酱拌匀后，撒上香菜即可。

小贴士

　　竹笋具有低脂肪、低糖、多纤维的特点，食用竹笋不仅能促进肠道蠕动，帮助消化，还有预防大肠癌的功效。另外，竹笋含脂肪、淀粉很少，是减肥的佳品。

木瓜西红柿沙拉

材料

木瓜 1/3 个，西红柿 2 个，黄瓜片、包菜丝、香芹叶、沙拉酱各适量

做法

❶ 木瓜去籽，用清水洗净，然后用刀刻成十字花；西红柿洗净，切小块。

❷ 用黄瓜片、包菜丝装饰盘底，放入木瓜；将西红柿均匀地摆放在木瓜上。

❸ 将沙拉酱涂在西红柿和木瓜上，拉成网状。放上洗净的香芹叶作为装饰。

小贴士

　　木瓜中含有一种酵素，能消化蛋白质，有利于人体对食物的消化和吸收，故有健脾消食之功效；木瓜中含有碳水化合物、蛋白质、脂肪、多种维生素及多种人体必需的氨基酸，可有效补充人体的养分，增强机体的抗病能力。

包菜丝黄瓜沙拉

材料

包菜 250 克，黄瓜 150 克，胡萝卜 100 克，盐、醋、橄榄油、沙拉酱各适量

做法

❶ 包菜、黄瓜分别洗净切丝；包菜过水焯熟；胡萝卜洗净，切丝焯熟。

❷ 将以上材料装盘，放盐、醋、橄榄油。

❸ 将沙拉酱淋入盘中即可。

小贴士

　　包菜营养丰富，有防衰老、抗氧化的功效；同时，还有提高人体免疫力、预防感冒的作用，对咽喉肿痛、胃痛、牙痛有一定的食疗功效；另外，包菜还可以增进食欲、促进消化、预防便秘；对糖尿病患者和肥胖者来说，是不错的食疗食物。

土豆玉米沙拉

材料

土豆 300 克，黄瓜、西红柿各 80 克，熟玉米粒 50 克，生菜 30 克，盐适量，红曲沙拉拌酱 1 份

做法

❶ 生菜洗净，放在盘底；黄瓜洗净，切片；土豆洗净，去皮，切小块，入盐水锅煮好，捞出压成泥；西红柿洗净，切片。

❷ 将上述食材及熟玉米粒装盘，食用时拌入红曲沙拉拌酱即可。

小贴士

土豆含有丰富的维生素 B_1、维生素 B_2、维生素 B_6 和维生素 B_5 等 B 族维生素及大量的优质纤维素，还含有氨基酸、蛋白质和优质淀粉等营养元素，有健脾和胃、益气调中的功效。

包菜彩椒沙拉

材料

包菜 500 克，彩椒 30 克，白芝麻 10 克，豆瓣米酒拌酱 1 份

做法

❶ 将包菜、彩椒洗净，包菜切片，彩椒切菱形，分别放入开水中稍烫，捞出备用。

❷ 将每一片包菜泡在豆瓣米酒拌酱中，然后取出。

❸ 将包菜、彩椒装盘，倒入豆瓣米酒拌酱，再撒上白芝麻即可。

小贴士

包菜含有丰富的粗纤维，可以刺激肠胃蠕动，促进大便排泄，帮助消化，对预防肠癌有良好作用。包菜中微量元素锌的含量不但在蔬菜中是排名靠前的，而且比肉和蛋类的含量还要高。

白萝卜生菜沙拉

材料

白萝卜 230 克，辣椒粉、盐各 3 克，糖 5 克，葱 1 棵，蒜 2 瓣，辣味油醋酱 1 份，红椒丝、生菜、橄榄油各适量

做法

❶ 白萝卜洗净后削皮，切成 5 厘米长的细丝；葱、蒜洗净，切末；生菜洗净。

❷ 白萝卜、生菜装盘，撒上红椒丝。

❸ 将糖、盐、葱末、蒜末、辣椒粉加入白萝卜丝中。

❹ 加入辣味油醋酱、橄榄油拌匀即可。

小贴士

　　白萝卜含芥子油、淀粉酶和粗纤维，具有促进消化、增强食欲、加快胃肠蠕动和止咳化痰的作用，为食疗佳品，可以预防或辅助治疗多种疾病。

金针菇茭白沙拉

材料

金针菇 100 克，黑木耳 90 克，茭白 120 克，彩椒 50 克，蒜、盐、醋、橄榄油各适量

做法

❶ 将茭白洗净后切段，焯水后捞出。

❷ 将黑木耳洗净，切成丝，焯水后捞出。

❸ 将金针菇洗净，焯水后捞出；彩椒洗净、切丝。

❹ 将以上食材和蒜、盐、醋、橄榄油一起拌匀即可。

小贴士

　　茭白主要含有蛋白质、脂肪、糖类、维生素 B_1、维生素 B_2、维生素 E、胡萝卜素和矿物质等。嫩茭白的有机氮素以氨基酸状态存在，并能提供硫元素，味道鲜美，营养价值较高，容易为人体所吸收。

芥蓝黑木耳沙拉

材料

芥蓝 100 克，黑木耳 150 克，盐、醋、蒜末、胡椒粉、橄榄油各适量

做法

❶ 将芥蓝的叶子除去，根茎洗净，切成薄片，焯水后捞出。

❷ 将黑木耳泡发、洗净，焯水后捞出。

❸ 将以上食材和盐、醋、蒜末、胡椒粉、橄榄油拌匀即可。

小贴士

　　芥蓝中含有有机碱，能刺激人的味觉神经，增进食欲，还可加快胃肠蠕动，帮助消化。芥蓝还含有大量膳食纤维，能防止便秘，具有降低胆固醇、软化血管、预防心脏病等功效。

芥菜青豆沙拉

材料

芥菜 80 克，青豆 160 克，彩椒 50 克，盐、醋、蒜末、橄榄油各适量

做法

❶ 将芥菜洗净后切粒，焯水后捞出；将盐、醋、蒜末、橄榄油调成料汁。

❷ 将青豆洗干净，入沸水焯熟后捞出。

❸ 将彩椒洗干净，切成粒备用。

❹ 芥菜和青豆装盘，再放上彩椒，淋上料汁即可。

小贴士

　　青豆既富含植物性蛋白质，又富含钾元素、镁元素、B 族维生素等，同时还含有皂苷、植酸、低聚糖等保健成分，对于保护心脑血管和控制血压很有好处。另外，青豆中含有丰富的膳食纤维，可以改善便秘，降低血压和胆固醇。

茼蒿紫叶生菜沙拉

材料

茼蒿、紫叶生菜各 100 克，红椒 30 克，盐、醋、葱花、蒜末、橄榄油各适量

做法

❶ 将茼蒿洗干净，焯水后捞出。

❷ 将紫叶生菜清洗干净，焯水后捞出。

❸ 红椒洗净，切丝；将红椒、盐、醋、葱花、蒜末、橄榄油调成料汁。

❹ 将紫叶生菜、茼蒿依次摆放在盘中，淋上料汁即可。

小贴士

　　紫叶生菜含有丰富的胡萝卜素、维生素 C 以及钾盐、钙盐等，对维持人体正常的生理活动，促进生长发育和消暑保健有较好的作用。另外，食用紫叶生菜有助于促进人体内抗体的合成，增强机体免疫力。

胡萝卜苤蓝沙拉

材料

胡萝卜 1 根，苤蓝 100 克，葱花、松子各少许，橄榄油、盐、白糖、醋各适量

做法

❶ 胡萝卜、苤蓝洗净，去皮，切丝。

❷ 松子去壳，将松仁取出，炒香。

❸ 锅内加水烧开，将胡萝卜和苤蓝焯水，装入碗中，撒入少许葱花和松仁。

❹ 加入橄榄油、盐、白糖、醋拌匀即可。

小贴士

　　苤蓝营养丰富，特别是含有的维生素 C，有止痛生肌的作用，能促进胃与十二指肠溃疡的愈合。它还含有大量水分和膳食纤维，可宽肠通便，防止便秘，排出毒素。此外，苤蓝还含有丰富的维生素 E，可增强人体免疫力。

山药胡萝卜沙拉

材料

山药 250 克，胡萝卜 80 克，盐、白糖、醋、橄榄油各适量

做法

❶ 将山药洗净，去皮后切成薄片，入沸水焯熟后捞出。

❷ 将胡萝卜清洗干净，去皮后切成薄片；将盐、白糖、醋、橄榄油混合成料汁。

❸ 将山药和胡萝卜装盘，淋上料汁即可。

小贴士

　　山药含有丰富的蛋白质、碳水化合物、钙、磷、铁、胡萝卜素及维生素等多种营养成分，具有健脾益胃、固肾益精、降低血糖、延年益寿等功效，被历代医家赞为"理虚之要药"。

苦瓜百合沙拉

材料

苦瓜 180 克，百合 120 克，彩椒 50 克，玉米粒 80 克，盐、白糖、醋、橄榄油各适量

做法

❶ 将苦瓜用清水洗净，切成圈，焯水后捞出；百合洗净，切片，入开水焯熟；玉米粒焯水后捞出。

❸ 彩椒洗净，切块；盐、白糖、醋、橄榄油混合成料汁。

❹ 苦瓜摆放在盘底，剩余食材混合倒在苦瓜上，淋上料汁即可。

小贴士

　　玉米含有赖氨酸和微量元素硒，其抗氧化作用有益于预防肿瘤，同时玉米还含有丰富的B 族维生素，对保护胃肠功能，维护皮肤健美均有很好的作用。

豆腐西红柿沙拉

材料

豆腐 250 克，西红柿 150 克，香菜叶、橄榄油、盐、糖汁各适量

做法

❶ 将豆腐切成长条，焯水后捞出备用。

❷ 将西红柿清洗干净，切成片。

❸ 将盐、糖汁、橄榄油混合成料汁。

❹ 将豆腐、西红柿、香菜叶摆盘，淋上料汁即可。

小贴士

　　豆腐的原料是黄豆、黑豆、青豆等蛋白质含量高的豆类。豆腐里的高氨基酸和蛋白质含量使之成为谷物很好的补充食品，两小块豆腐，即可满足一个人一天钙的需要量。豆腐有宽中益气、调和脾胃等功效。

香橙豆腐皮沙拉

材料

香橙 150 克，豆腐皮 120 克，茭白 200 克，彩椒 100 克，盐、醋、蒜泥、橄榄油各适量

做法

❶ 将豆腐皮用沸水焯熟，放凉后切丝备用。

❷ 将香橙洗净，切薄片；茭白洗净、切条，焯水后捞出。

❸ 将彩椒洗净，切成丝；盐、醋、蒜泥、橄榄油混合成料汁。

❹ 将香橙、茭白、豆腐皮和彩椒先后放入盘中，淋上料汁即可。

小贴士

　　豆腐皮营养丰富，易消化、吸收快，是一种妇、幼、老、弱皆宜的食用佳品。豆腐皮还有清热润肺、养胃解毒的功效。

豆腐丝香菜沙拉

材料

豆腐皮 200 克，香菜 100 克，彩椒 30 克，盐、醋、橄榄油各适量

做法

❶ 将豆腐皮用清水洗净，入沸水焯熟，切成丝备用。

❷ 将香菜清洗干净，切碎；将彩椒洗净，切成丝备用。

❸ 将以上食材加入盐、醋、橄榄油等调味料拌匀即可。

小贴士

　　香菜营养丰富，含有维生素 C、胡萝卜素、维生素 B_1、维生素 B_2 等，同时还含有钙、铁等丰富的矿物质；香菜性温味甘，具有健胃消食、发汗透疹、利尿通便、祛风解毒等功效。

蒜蓉茼蒿沙拉

材料

茼蒿 120 克，红椒 1 个，盐、蒜蓉、醋、橄榄油各适量

做法

❶ 将茼蒿用清水洗净，焯水后捞出备用。

❷ 将红椒清洗干净，切成丝。

❸ 将盐、蒜蓉、醋、橄榄油一起调成料汁。

❹ 将茼蒿、红椒放入料汁拌匀即可。

小贴士

　　茼蒿具有调胃健脾、降压补脑等效用。常吃茼蒿，对脾胃不和、记忆力减退、习惯性便秘等均有较好的疗效。茼蒿中还含有多种氨基酸、脂肪、蛋白质及含量较高的钠、钾等矿物盐，能调节体内水液代谢，消除水肿。

百合红腰豆沙拉

材料

西芹 80 克，百合 40 克，红腰豆 20 克，胡萝卜 15 克，沙拉酱适量

做法

❶ 西芹洗净，切段；百合提前用水泡发；红腰豆清洗干净；胡萝卜洗净，切片。

❷ 将西芹、百合、红腰豆分别放入沸水中焯熟放凉备用。

❸ 将所有食材装盘，拌入沙拉酱即可。

小贴士

　　百合具有养心安神、润肺止咳、补益五脏、养阴清热的功效，很适合食欲不振、身体虚弱者食用。

哈密瓜青豆沙拉

材料

哈密瓜半个，青豆 200 克，红椒 2 个，酸奶 10 毫升，白糖少许

做法

❶ 哈密瓜洗净，去皮，除去瓤，果肉切小块；青豆洗净，焯熟备用；红椒洗净，切菱形块备用；

❷ 哈密瓜、青豆、红椒放入盘中，用酸奶、白糖拌匀即可。

小贴士

　　青豆中的卵磷脂是大脑发育所需的重要营养之一，可以改善记忆力；还含有丰富的膳食纤维，能够改善便秘，降低血压和胆固醇；青豆还具养颜润肤、改善食欲不振与全身倦怠的功效。

酸爽沙拉

材料

西红柿 80 克，柠檬、生菜各 20 克，白糖、醋各少许，色拉油适量

做法

❶ 西红柿、柠檬、生菜洗净，切好，放入盘中；取一小碟，倒入色拉油，拌入白糖、醋调匀，制成调味汁。

❷ 将调味汁淋在沙拉上，拌匀即可。

小贴士

柠檬中含有丰富的柠檬酸，因此被誉为"柠檬酸仓库"，因为味道酸味足，故能作为上等调味料，用来调制饮料菜肴、制作化妆品和药品。柠檬酸具有防止和消除皮肤色素沉着的作用，爱美的女性应多食用柠檬。

彩椒花菜沙拉

材料

花菜 300 克，彩椒 80 克，白醋、橄榄油、盐各适量

做法

❶ 将花菜洗净，切成小块；彩椒去蒂和籽，洗净后切成小块。

❷ 将彩椒和花菜放入沸水锅内烫熟，捞出，用凉水过凉，沥干水分，放入盘内。

❸ 花菜、彩椒内加入盐、白醋、橄榄油，一起拌匀即成。

小贴士

彩椒营养丰富，辣味较淡，不仅能增强人的体力，还能缓解因工作、生活压力造成的疲劳。彩椒特有的味道和所含的辣椒素有刺激唾液和胃液分泌的作用，能增进食欲，帮助消化。

PART 2

纤体瘦身沙拉

沙拉不仅美味营养，还是减肥的上佳食物，但是沙拉如果制作不当，也会产生高热量，不仅起不到瘦身作用，还会有增肥的效果。那么如何制作、选用沙拉，在大饱口福的同时，还能让身材苗条呢？下面就介绍一些有纤体瘦身作用的沙拉食谱。

芦笋圣女果沙拉

材料

芦笋 200 克，圣女果 100 克，小菠菜 90 克，洋葱 50 克，橄榄油 12 毫升，盐 1 克，醋、胡椒粉各适量

做法

❶ 芦笋、小菠菜洗净，焯水，沥干水分备用。

❷ 圣女果洗净，对半切开；洋葱洗净，切丝；上述食材均装入碗中。

❸ 橄榄油、盐、醋调成料汁，淋在食材上，拌匀，撒上少许胡椒粉即可。

山药芹菜沙拉

材料

山药、芹菜、黑木耳各 100 克，彩椒 30 克，沙拉酱适量

做法

❶ 山药洗净，削皮，切菱形片，焯水至断生；黑木耳洗净，焯水至熟；彩椒洗净切成菱形片；芹菜洗净切段，焯熟备用。

❷ 将上述食材均装盘，拌入沙拉酱即可。

包菜紫甘蓝沙拉

材料

紫甘蓝 70 克，包菜 30 克，洋葱 50 克，莳萝少许，橄榄油、醋、盐、白糖各适量

做法

❶ 紫甘蓝、包菜、洋葱洗净，切好，入开水焯至断生；莳萝洗净，沥干水分；将上述食材放入碗中。

❷ 淋入橄榄油和醋，撒入盐、白糖，搅拌均匀即可。

田园沙拉

材料

樱桃萝卜 50 克，西洋菜 5 克，橙汁 10 毫升，沙拉酱、盐、白糖、胡椒粉各适量

做法

① 樱桃萝卜洗净，切片；西洋菜洗净。

② 取碗，倒入沙拉酱、橙汁、盐、白糖，调成料汁。

③ 樱桃萝卜、西洋菜放入瓷盆中，加调好的料汁，拌匀，撒入胡椒粉即可。

青菜沙拉

材料

包菜 50 克，芝麻菜 20 克，紫叶生菜、西红柿各 80 克，熟玉米粒、奶酪、胡椒粉、白糖、盐各适量，橄榄油 15 毫升

做法

① 包菜、芝麻菜、紫叶生菜、西红柿均洗净，切好；奶酪切小块备用。

② 将上述食材及熟玉米粒均装入碗中，取一小碟，加入橄榄油、胡椒粉、白糖、盐调成料汁，淋在沙拉上即可。

全蔬沙拉

材料

黄瓜、甜菜根、圣女果各 60 克，洋葱、小菠菜各适量，橄榄油 15 毫升，醋、盐、白糖各适量

做法

① 黄瓜、甜菜根、圣女果、洋葱、小菠菜洗净切好。

② 将甜菜根、小菠菜入沸水焯熟。

③ 将上述食材装碗中，把橄榄油、醋、盐、白糖调成料汁，淋在沙拉上即可。

青菜圣女果沙拉

材料

青菜 20 克，圣女果 100 克，紫甘蓝 20 克，橄榄油、盐、醋各适量

做法

❶ 圣女果用清水洗净，切半；紫甘蓝用清水洗净，切好；青菜择洗干净，焯熟；洋葱洗净，切圈。

❷ 取一碗，放入圣女果、紫甘蓝、青菜和洋葱；加入橄榄油、盐和醋，拌匀即可。

小贴士

　　紫甘蓝中含有的大量纤维素，能够增强胃肠功能，促进肠道蠕动，以及降低胆固醇水平。

薄片沙拉

材料

黄瓜 30 克，樱桃萝卜 40 克，胡萝卜 35 克，色拉油、醋、蒜末、白糖、盐各适量

做法

❶ 黄瓜、胡萝卜均洗净，刨成薄片；樱桃萝卜洗净，切片。

❷ 将上述食材一一放入盘中。

❸ 倒入色拉油、醋、蒜末、白糖、盐，搅拌均匀即可。

小贴士

　　樱桃萝卜营养丰富，果实富含糖类、蛋白质、维生素，以及铁、磷、钾等微量元素，有抗贫血、防治麻疹、杀虫、美白祛斑、抗衰老等功效。

西红柿油橄榄沙拉

材料

西红柿 80 克，黄瓜 90 克，油橄榄、生瓜各 60 克，芝麻菜、奶酪各适量，橄榄油 15 毫升，水果醋 5 毫升，盐 3 克，胡椒碎适量

做法

❶ 西红柿洗净，切块；黄瓜洗净，切片；生瓜洗净，削皮，切块；油橄榄、芝麻菜均洗净；奶酪切小块。

❷ 将上述食材均装盘备用。

❸ 取一小碟，倒入橄榄油、水果醋，再加入盐、胡椒粉，拌匀，将调好的料汁拌入食材中即可。

小贴士

　　黄瓜营养丰富，具有抗肿瘤、抗衰老、防酒精中毒、降血糖和减肥纤体的功效。但是黄瓜性凉，胃寒患者慎食。

西红柿包菜沙拉

材料

西红柿 100 克，苦菊 10 克，橄榄油 12 毫升，生菜、包菜各 50 克，柠檬汁、盐、白糖各适量

做法

❶ 西红柿清洗干净，切块；苦菊洗净，沥干水分；生菜、包菜清洗干净，切好。

❷ 将上述食材均装入盘中。

❸ 取一小碟，加入橄榄油、柠檬汁、盐、白糖，搅拌均匀，调成料汁。

❹ 将调好的料汁拌入沙拉中即可。

小贴士

　　苦菊中的铁元素含量高，可预防贫血和促进儿童生长发育；食用苦菊有助于增强机体免疫力，长期食用能预防疾病。

罗勒叶香橙沙拉

材料

香橙 100 克，罗勒叶、洋葱各 50 克，白芝麻少许，盐、白糖、醋、橄榄油各适量

做法

1. 罗勒叶用清水洗净，控干水分；洋葱用清水洗净，切丝；香橙去皮，切片。
2. 将处理好的罗勒叶、香橙、洋葱一起放在碗中。
3. 然后加入盐、白糖、醋、橄榄油，搅拌均匀，再均匀地撒上白芝麻即可。

小贴士

香橙所含的纤维素和果胶可以促进肠道蠕动，有利于清肠通便，排出体内有害物质。

紫甘蓝胡萝卜沙拉

材料

紫甘蓝 100 克，胡萝卜 20 克，香菜叶 5 克，扁豆芽 10 克，橄榄油 8 毫升，醋 6 毫升，盐、白糖各适量

做法

1. 紫甘蓝洗净，切好；胡萝卜洗净，去皮，切片，然后打上花刀备用；扁豆芽洗净，放入沸水锅中焯水；香菜叶洗净，沥干水分，备用。
2. 将上述食材摆入盘中。
3. 取一小碟，放入橄榄油、醋、盐、白糖，拌匀，调成料汁，淋在食材上即可。

小贴士

紫甘蓝和胡萝卜搭配，营养美味，热量低，很适合想瘦身者食用。

菊苣上海青沙拉

材料

圣女果 50 克，上海青 80 克，玉米粒 20 克，生菜、欧洲菊苣各少许，盐、橄榄油、沙拉酱各适量

做法

1. 圣女果洗净，切小块；玉米粒洗净，焯水至熟，捞出备用；上海青洗净，焯水，垫入盘底；生菜洗净，撕成小块；欧洲菊苣洗净，撕成小块。

2. 将欧洲菊苣、圣女果、玉米粒、生菜放入装有上海青的盘中，淋上橄榄油，撒入少许盐，食用时加沙拉酱拌匀即可。

小贴士

　　玉米以整齐、饱满、无缝隙、色泽金黄、表面光亮者为佳。玉米富含膳食纤维，常食可促进肠胃蠕动，加速有毒物质的排出。

上海青

玉米粒

口蘑沙拉

材料

口蘑100克，蒜60克，姜、生菜各少许，橄榄油、盐、醋各适量

做法

❶ 口蘑洗净，切片，焯水；蒜剥皮，切小块；姜洗净，切丝；生菜洗净，捣成末。

❷ 将橄榄油、盐、醋、蒜、姜、生菜倒入碟里，拌匀，调成料汁。

❸ 将口蘑装入盘里。

❹ 将料汁淋在沙拉上即可。

小贴士

　　口蘑是一种较好的减肥美容食品，它所含的大量植物纤维，具有防治便秘、促进排毒、预防糖尿病及大肠癌、降低胆固醇的作用，而且它又属于低热量食品，可以防止发胖。

西蓝花花菜沙拉

材料

西蓝花、花菜各180克，白萝卜丝30克，西红柿100克，姜、橄榄油、醋、盐、白糖、葱花各适量

做法

❶ 西蓝花、花菜洗净，择小朵；西红柿洗净，切块；姜洗净，去皮，刨成细丝。

❷ 西蓝花、花菜放入沸水中焯熟，捞出待凉。

❸ 将西蓝花、花菜、西红柿、白萝卜丝均装入盘中，然后放入葱花和刨好的姜丝。

❹ 将橄榄油、醋、盐、白糖调成料汁，淋在沙拉上即可。

小贴士

　　西蓝花含有蛋白质、维生素和胡萝卜素等，营养成分位居同类蔬菜之首；西蓝花可以有效降低乳腺癌、胃癌、心脏病和中风的发病率。

红腰豆山药沙拉

材料

山药 300 克，菠萝 150 克，红腰豆 80 克，米酒 120 毫升，盐、白糖各适量

做法

1. 将山药洗净、去皮，切成块，稍稍焯水后捞出。
2. 将菠萝洗净，切块，入盐水浸泡3分钟。
3. 将红腰豆清洗干净，入开水焯熟。
4. 米酒和白糖入碗中，加入山药、菠萝、红腰豆拌匀即可。

小贴士

　　山药含有多种营养成分，有强身健体、滋肾益精的作用；另外，山药含有的黏液蛋白，有降低血糖的作用；山药含有大量的维生素和微量元素，具有益志安神、延年益寿的功效。

冬瓜彩椒沙拉

材料

冬瓜 150 克，彩椒 60 克，盐、醋、蒜末、橄榄油各适量

做法

1. 将冬瓜用清水洗净，去皮，切成条，焯水捞出；将彩椒清洗干净，切条。
2. 将盐、醋、蒜末、橄榄油等调成料汁。
3. 冬瓜装碗，摆上彩椒，淋入料汁即可。

小贴士

　　冬瓜能有效控制体内的糖类转化为脂肪，防止体内脂肪堆积，还能把多余的脂肪消耗掉，对防治高血压、动脉粥样硬化和减肥有良好的效果。另外，冬瓜内含有蛋白质和大量维生素与矿物质，有护肤美白的功效。

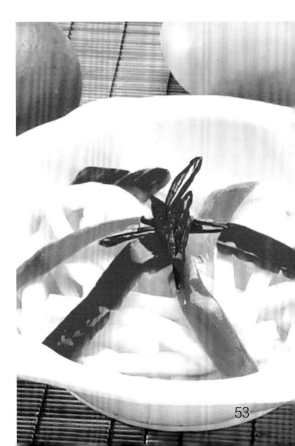

圣女果生菜沙拉

材料

生菜 10 克，圣女果 20 克，黄瓜 20 克，紫天葵 20 克，烤面包 20 克，橄榄油、盐、醋各适量

做法

1. 生菜洗净；圣女果洗净，切瓣；黄瓜洗净，去皮，切片；紫天葵洗净；烤面包切小块。
2. 把以上食材放入盘中，加橄榄油、盐和醋，拌匀即可。

小贴士

　　青色未成熟的西红柿含有大量的特殊有毒物质，应避免生吃。

花菜冬瓜沙拉

材料

花菜、冬瓜、胡萝卜、包菜各 20 克，土豆 200 克，红提干少许，橄榄油、盐、醋各适量

做法

1. 冬瓜、胡萝卜、花菜、包菜、土豆洗净切好。
2. 将上述食材入开水焯熟，放入盘中。
3. 加入橄榄油、盐和醋搅拌均匀，放上红提干即可。

小贴士

　　因冬瓜性寒，故久病不愈者与阴虚火旺、脾胃虚寒、易腹泻者应慎食。

胡萝卜丝沙拉

材料

胡萝卜100克，藜芦籽少许，橄榄油、盐、油醋汁、沙拉酱各适量

做法

① 胡萝卜洗净，去皮后切成细丝，装碗。

② 加少许橄榄油拌匀，再放入盐、油醋汁搅拌，撒上藜芦籽。

③ 食用前，淋上沙拉酱拌匀即可。

小贴士

　　每天吃三根胡萝卜，对预防心脏疾病和肿瘤有奇效；喝鲜榨的胡萝卜汁，有润肠通便、排毒的作用；烹饪胡萝卜时，放适量油，胡萝卜素更容易被人体吸收。

白萝卜西红柿沙拉

材料

白萝卜45克，西红柿250克，生菜、奶油酱各适量

做法

① 白萝卜洗净，切片；西红柿洗净，切块；生菜洗净，切碎。

② 将上述食材均摆入盘中。

③ 均匀地淋入奶油酱即可。

小贴士

　　生菜有清热爽神、清肝利胆、养胃等功效，一般人群皆可食用。对减肥、高胆固醇、神经衰弱和肝胆病等患者有很好的养生疗效；生菜以生食为主，女性常吃生菜还有利于保持苗条的身材。

南瓜花菜沙拉

材料

南瓜 100 克，花菜 80 克，南瓜子仁 15 克，薄荷叶 5 克，盐、橄榄油、醋、沙拉酱各适量

做法

1. 花菜洗净，掰小朵；南瓜洗净，切小块。
2. 锅中加清水烧开，放入花菜，焯水至微熟时捞出，再放入南瓜，煮至熟软，捞出。
3. 将花菜、南瓜放入盘中，加入盐、橄榄油、醋拌匀，撒上南瓜子仁，用洗净的薄荷叶装饰。
4. 食用时，再放入沙拉酱拌匀即可。

小贴士

南瓜子含有丰富的锌元素，能辅助治疗男性前列腺的肿瘤病变、尿失禁等症，还能消除水肿，预防水肿型肥胖。

原味包菜沙拉

材料

包菜 100 克，菠萝肉 150 克，西红柿 2 个，碎薄荷叶少许，醋 10 毫升，盐少许，原味酸奶 200 毫升

做法

1. 包菜洗净，放入加盐的沸水中焯一下，捞出放盘中，淋上醋；菠萝肉用淡盐水浸泡后切小块；西红柿洗净，去蒂，切小块。
2. 将切好的菠萝肉和西红柿放入沙拉碗中，倒入原味酸奶拌匀。
3. 将沙拉碗放冰箱冷藏一会儿，再将拌好的材料倒在包菜上，撒上碎薄荷叶即可。

小贴士

菠萝肉中含有蛋白质、蔗糖、碳水化合物、氨基酸、胡萝卜素、膳食纤维等，有减肥、美容、保健、清理肠胃以及预防感冒的功效。

西红柿沙拉

材料

西红柿、黄瓜各 100 克，生菜 80 克，辣椒、沙拉酱各适量

做法

1. 西红柿洗净，切片；黄瓜洗净，切片；辣椒洗净，去籽，切成圈；生菜洗净，控干水分。
2. 将上述食材摆好盘。
3. 取一小碟，里面倒入沙拉酱。
4. 食用时，将沙拉酱拌入食材中即可。

小贴士

辣椒中含有丰富的维生素 C、叶酸、镁及钾等，辣椒中的辣椒素还具有抗炎及抗氧化的作用，有助于降低心脏病及其他一些慢性病的风险。

彩椒黄瓜卷沙拉

材料

黄瓜 200 克，彩椒 80 克，白萝卜丝 20 克，盐、醋、蒜泥、橄榄油各适量

做法

1. 将黄瓜洗净，切成6厘米长的段，再片成薄片（黄瓜段横放，刀横握，切入黄瓜段，一边切一边向后滚动瓜段，直至瓜心）。
2. 将彩椒洗净，切成段，将盐、醋、蒜泥、橄榄油拌成料汁。
3. 将黄瓜卷起，摆入盘中，撒上白萝卜丝、彩椒，淋上料汁即可。

小贴士

彩椒中的椒类碱能够促进脂肪的新陈代谢，防止体内脂肪积存。新鲜的彩椒大小均匀，色泽鲜亮，闻起来具有瓜果的香味；劣质彩椒大小不一，色泽较为暗淡，没有瓜果的香味。

紫甘蓝黑橄榄沙拉

材料
紫甘蓝 100 克，黑橄榄 50 克，瓜子仁少许，橄榄油、盐、醋、葱各适量

做法
1. 紫甘蓝洗净，沥干水分，切丝；黑橄榄去核；葱洗净，切成葱花。
2. 将以上所有食材装入盘里。
3. 加入橄榄油、盐和醋搅拌均匀，撒上瓜子仁即可。

小贴士
　　紫甘蓝有助于机体对脂肪的燃烧，对减肥有益。紫甘蓝还可预防感冒，在冬春季节感冒的高发季节，可经常吃些紫甘蓝。

时蔬沙拉

材料
奶酪、樱桃萝卜各 80 克，黄瓜 100 克，茴香菜、香菜、沙拉酱、醋各适量，莳萝末、香芹碎、胡椒粉各少许

做法
1. 樱桃萝卜、黄瓜、茴香菜、香菜洗净切好；将沙拉酱、醋调成酱料。
2. 将奶酪、樱桃萝卜、黄瓜放在碗中；将调好的酱料倒在食材上，拌匀，撒上莳萝末、香芹碎、胡椒粉，用茴香菜、香菜装饰即可。

小贴士
　　这道沙拉健康，低热量，口味独特，食材丰富，饱腹感强，是减肥佳品。

玉米笋豌豆沙拉

材料

玉米笋 50 克，豌豆 50 克，红腰豆 20 克，洋葱 20 克，南瓜 20 克，罗勒叶、橄榄油、胡椒粉、盐、白糖、醋各适量

做法

1. 玉米笋洗净，焯熟；豌豆洗净，焯熟；红腰豆洗净，焯熟。
2. 洋葱洗净，切丝；南瓜洗净，切丁，焯熟。
3. 取一碗，装入以上所有食材。
4. 加入橄榄油、胡椒粉、盐、白糖、醋，拌匀，饰以罗勒叶即可。

小贴士

　　玉米笋是一种低热量、高纤维素、无胆固醇的优质蔬菜，可以促进肠胃蠕动，消水肿。

豌豆木瓜沙拉

材料

豌豆150克，木瓜50克，冰淇淋50克，橄榄油、盐、白糖、芹菜叶各适量

做法

1. 豌豆洗净，焯熟；木瓜洗净，切成小块。
2. 取一玻璃碗，倒入冰淇淋、豌豆、木瓜。
3. 加入橄榄油、盐、白糖，拌匀。
4. 饰以芹菜叶即可。

小贴士

　　木瓜所含的果胶可以保护胃肠道黏膜免受粗糙食品刺激，促进溃疡愈合，很适合胃病患者食用。木瓜所含酵素还能促进胆汁分泌，加强胃肠蠕动，帮助食物消化。

胡萝卜黄瓜沙拉

材料

苹果 2 个，黄瓜 1 根，胡萝卜 100 克，生菜、醋、橄榄油各适量

做法

① 将苹果清洗干净，切成大块。

② 黄瓜洗净后，斜切成块状。

③ 将生菜和胡萝卜洗净，生菜用手撕成小块，胡萝卜切块。

④ 将洗切好的食材放入盆中，加入醋和橄榄油拌匀即可。

小贴士

　　黄瓜具有利水利尿、清热解毒、减肥美容、降低血糖等功效，搭配胡萝卜食用，具有美容养颜、降糖降脂、增强免疫力等功效。

生菜圣女果沙拉

材料

彩椒 3 个，黄瓜 1 根，生菜 50 克，圣女果 4 个，沙拉酱 150 克，醋 10 毫升

做法

① 将彩椒、黄瓜、生菜、圣女果清洗干净，黄瓜、彩椒切成条；生菜切成段；圣女果切半。

② 将以上食材均摆入盘中。

③ 将沙拉酱、醋拌匀，淋在食材上即可。

小贴士

　　喜欢吃胡椒粉的人，可以加入胡椒粉调味。

彩椒冬笋包菜沙拉

材料

包菜 500 克，彩椒 20 克，冬笋 50 克，泡发香菇 20 克，葱丝、盐、醋各适量，鸡汤芥末酱 50 克

做法

① 将彩椒、冬笋、香菇洗净，切丝；包菜洗净，撕片，焯熟放凉备用。

② 将所有食材装盘。

③ 取小碗，将葱丝、盐、醋、鸡汤芥末酱倒入碗中，拌成料汁。

④ 将料汁倒入盘中拌匀即可。

小贴士

　　包菜富含纤维质和维生素，热量低，既可促进肠胃运动、加速体内排毒，也能让人食用时充分咀嚼，让大脑渐渐产生"饱腹感"，减少进食量和热量的摄入，达到快速瘦身的效果。

圣女果菠萝沙拉

材料

圣女果 80 克，菠萝 100 克，黄瓜 120 克，梨 30 克，生菜 80 克，橙汁拌酱 1 份

做法

① 生菜洗净，放在碗底；梨、黄瓜洗净，去皮，切成小圆段；菠萝去皮，洗净，切成块；圣女果洗净，对切备用。

② 将所有食材放入碗中，淋上橙汁拌酱，食用时拌匀即可。

小贴士

　　黄瓜富含蛋白质、糖类、维生素 C、维生素 E 等营养成分，其所含的丙醇二酸，可抑制糖类物质转变为脂肪，具有减肥瘦身的功效。此外，黄瓜还具有除热、利水利尿、清热解毒、增强免疫等功效。

特色辣味沙拉

材料

豌豆凉粉 300 克，胡萝卜 100 克，黄瓜 80 克，泡菜 60 克，灯笼椒 60 克，盐、醋、橄榄油、辣椒酱各适量，紫菜末少许

做法

❶ 豌豆凉粉切条；泡菜切丝；胡萝卜切丝，在开水中焯一遍；灯笼椒洗净后切丝；黄瓜切丝，撒少许盐腌制。

❷ 所有食材拌在一起，加入少许盐、醋、橄榄油、辣椒酱，拌匀。

❸ 最后撒上少许紫菜末即可。

小贴士

　　此沙拉凉爽可口，有开胃、促消化的作用。喜欢甜食者，也可加入糖调味。

小白菜奶酪沙拉

材料

小白菜 100 克，奶酪 150 克，圣女果 80 克，彩椒 1 个，盐、橄榄油、胡椒粉、醋各适量

做法

❶ 将小白菜洗净，焯水至断生后备用。

❷ 将圣女果洗净备用；奶酪切成小块。

❸ 将彩椒清洗干净，切成圈。

❹ 将以上食材装盘，加入盐、橄榄油、胡椒粉、醋拌匀即可。

小贴士

　　彩椒营养价值丰富，并且因为味甜，适合人群比较广泛。它的维生素 C 含量是西红柿含量的 7~15 倍，在蔬菜中占首位，它具有防癌降脂、增进食欲和减肥等功效。

芹菜香干彩椒沙拉

材料

芹菜100克，香干200克，彩椒少许，盐3克，醋6毫升，橄榄油5毫升，胡椒粉3克

做法

❶ 芹菜洗净，切成长段；香干洗净，切成长条；彩椒洗净，切丝。

❷ 将上述食材装盘，加入盐、醋、橄榄油搅拌均匀。

❸ 撒上胡椒粉即可。

小贴士

　　芹菜富含蛋白质、碳水化合物、胡萝卜素、B族维生素、钙、磷、铁等，叶茎中还含有芹菜苷、佛手苷内酯和挥发油，具有降血压、降血脂、防治动脉粥样硬化的作用。老年人经常食用芹菜可刺激胃肠蠕动，有助于排便。

包菜沙拉

材料

包菜250克，彩椒丝、葱丝各5克，盐、醋、生抽、橄榄油各适量，芝麻高汤拌酱1份

做法

❶ 包菜洗净，一层层地剥开，放入开水中焯一下，捞起，沥干水分；醋与盐、生抽、橄榄油拌成料汁。

❷ 包菜装盘，撒入彩椒丝、葱丝，淋入料汁和芝麻高汤拌酱即可。

小贴士

　　包菜焯水时间不宜过长，一般3~5分钟即可。焯水时间过长，包菜会变得软烂，影响其口感。

黑芝麻包菜沙拉

材料

包菜 100 克，黑芝麻 5 克，沙拉酱适量

做法

① 包菜洗净，撕成均匀的小片；黑芝麻放入炒锅炒熟备用。

② 将包菜放入沸水中焯3～5分钟，捞出，过凉水沥干备用。

③ 将包菜装盘，撒上黑芝麻，蘸取沙拉酱食用即可。

小贴士

　　黑芝麻可炒熟后研磨成芝麻末，撒在包菜上面，这样会更入味。

紫甘蓝冬瓜沙拉

材料

紫甘蓝 150 克，冬瓜 30 克，彩椒 80 克，西芹 50 克，蒜泥、葱段各 5 克，盐 3 克，蚝油适量

做法

① 将紫甘蓝洗净，切条；冬瓜洗净后切小块，焯熟。

② 将彩椒洗净，去籽，切成长条。

③ 将西芹洗净，切成段，过开水焯熟。

④ 将所有食材和蒜泥、葱段、盐、蚝油一起拌匀，装盘即可。

小贴士

　　冬瓜含维生素 C 较多，且钾盐含量高，钠盐含量较低，对高血压、肾病、浮肿等患者大有裨益。冬瓜所含的丙醇二酸，能有效抑制糖类转化为脂肪。

巧思果蔬沙拉

材料

菠萝1个，圣女果5个，山药80克，胡萝卜30克，沙拉酱100克

做法

① 菠萝洗净后开口，取出果肉，留壳备用。

② 山药去皮，洗净后切块，入沸水焯熟；胡萝卜洗净切丝；圣女果洗净切片。

③ 将上述食材一同放入菠萝壳内，拌入沙拉酱即可。

小贴士

　　喜欢甜食者，可以在此沙拉中加入甜味的鲜奶油，这样制作出来的沙拉香味浓郁、鲜甜可口。

彩椒圣女果沙拉

材料

彩椒150克，黄瓜、西红柿各30克，火龙果35克，圣女果5个，鸡心茄30克，脆皮肠1根，千岛酱、腌黄瓜片各适量

做法

① 将彩椒、圣女果、鸡心茄、黄瓜、西红柿洗净，彩椒、黄瓜、西红柿、鸡心茄、脆皮肠切成片，火龙果切块。

② 切好的材料和圣女果、腌黄瓜片分层次摆放于碟中，以千岛酱佐食即可。

小贴士

　　火龙果是一种低能量、高纤维的水果，含有丰富的维生素C及水溶性膳食纤维，因此，火龙果具有减肥、降低胆固醇、润肠、预防大肠癌等功效。

彩椒玉米橄榄沙拉

材料

彩椒1个，玉米50克，黄瓜150克，生菜100克，橄榄6个，圣女果3个，罗勒叶、豌豆、盐、橄榄油、醋各适量

做法

1. 生菜洗净，晾干备用；玉米粒、罗勒叶、橄榄洗净；彩椒洗净，去籽后切长条。
2. 将豌豆洗净后，焯水；黄瓜洗净，切薄片；圣女果洗净，切两半。
3. 将彩椒、玉米粒、圣女果、黄瓜、豌豆装盘，用盐、橄榄油、醋拌匀。
4. 生菜放在盘底，将调拌好的食材倒在生菜上，再放上橄榄，饰以罗勒叶即可。

小贴士

玉米中含有大量镁和粗纤维，这些成分对于减肥非常有利。

竹笋黑木耳沙拉

材料

竹笋150克，黑木耳100克，葱50克，盐、蒜泥、醋、橄榄油各适量

做法

1. 将竹笋清洗干净，斜切成片，焯水后捞出沥干。
2. 将黑木耳泡发，洗干净后切成条，焯水。
3. 将葱洗干净，斜切成段。
4. 将以上食材和盐、蒜泥、醋、橄榄油拌匀即可。

小贴士

竹笋具有低糖、低脂的特点，富含膳食纤维，可消耗体内多余脂肪，消痰化淤，防治高血压、高脂血症、高血糖，且对消化道癌肿及乳腺癌有一定的预防作用，还是肥胖者减肥的佳品。

香菇冬瓜沙拉

材料

香菇 200 克，冬瓜 120 克，彩椒 50 克，盐、醋、蒜末、橄榄油各适量

做法

① 将香菇洗净后切段，焯水后捞出。
② 将冬瓜洗净，去皮，切成薄片后焯熟。
③ 将彩椒洗干净，去籽后切圈。
④ 将以上食材和盐、醋、蒜末、橄榄油拌匀即可。

小贴士

香菇含有多种维生素和矿物质，对促进人体新陈代谢，提高机体免疫力有很大作用。香菇还对糖尿病、肺结核、传染性肝炎、神经炎等有辅助治疗作用，并适用于消化不良、便秘以及肥胖等症。

彩椒海带白菜沙拉

材料

海带 100 克，白菜 150 克，彩椒 30 克，盐、醋、蒜末、色拉油各适量

做法

① 将白菜洗干净后切段，焯水后捞出。
② 将彩椒洗干净，切成细丝。
③ 将海带洗净，切成细丝。
④ 将以上食材用盐、醋、蒜末、色拉油拌匀即可。

小贴士

海带含有钙、磷、铁、B 族维生素等营养素。海带中所含的昆布氨酸，是一种特殊氨基酸，它具有降低血压的功效，可预防高血压和脑溢血。海带还含有大量的膳食纤维，可以增加饱腹感，是肥胖者减肥的佳品。

白果青豆南瓜沙拉

材料

青豆 250 克，白果 100 克，南瓜 80 克，盐、醋、橄榄油各适量

做法

1. 将青豆用清水洗净，入沸水焯熟捞出。
2. 将南瓜清洗干净，切块，入开水焯熟。
3. 白果洗净，焯熟；盐、醋、橄榄油混合成料汁。
4. 青豆置于盘中，围上白果，南瓜块置于青豆上，淋上料汁即可。

小贴士

青豆营养丰富、均衡，含有有益的活性成分，经常食用，对女性保持苗条身材作用显著；对肥胖、高脂血症、动脉粥样硬化、冠心病等疾病也有预防和辅助治疗的作用；常食青豆还具有养颜润肤等功效。

西葫芦彩椒沙拉

材料

西葫芦 150 克，彩椒 50 克，盐、蒜末、醋、橄榄油各适量

做法

1. 将西葫芦用清水洗净，切成薄薄的片状。
2. 将彩椒用清水洗净，切成菱形块。
3. 将西葫芦焯水后捞出备用。
4. 将盐、蒜末、醋、橄榄油搅拌成料汁。
5. 西葫芦摆放在盘底，再放上彩椒，淋上料汁即可。

小贴士

西葫芦可补中益气，用于脾胃虚弱症。它含有的葫芦巴碱和丙醇二酸，在人体内能阻止糖分转化成脂肪，具有轻身减肥的作用。西葫芦还具有清热利尿、除烦止渴、润肺止咳等功效。

PART 3

美容养颜沙拉

　　每日为自己调制一盘蔬菜沙拉，对于爱美的女性再适合不过，既能将身内的毒素排出体外，让肠胃功能适量休息，还能起到美容养颜的效果，让你的肌肤焕发出年轻的色彩。

卡普瑞沙拉

材料

西红柿 90 克，奶酪 100 克，罗勒叶少许，意大利黑醋、橄榄油、盐各适量，胡椒粉少许

做法

1. 西红柿洗净，切块；奶酪切块；罗勒叶洗净；西红柿、奶酪放碟中，撒少许胡椒粉，饰以罗勒叶。
2. 取一碟，倒入意大利黑醋、橄榄油、盐，拌匀，淋在沙拉上即可。

圣女果沙拉

材料

圣女果 60 克，洋葱、彩椒各 30 克，熟玉米粒、生菜叶、黄瓜、罗勒叶、胡椒粉、奶酪、盐、橄榄油各适量

做法

1. 将圣女果、洋葱、彩椒、生菜叶、黄瓜、罗勒叶洗净切好，与熟玉米粒、奶酪一起装入盘中。
2. 将胡椒粉、盐、橄榄油拌匀，淋在沙拉上即可。

西红柿双葱沙拉

材料

西红柿 500 克，洋葱 50 克，葱 20 克，白糖、橄榄油、醋、胡椒粉各适量

做法

1. 西红柿洗净，切瓣；洋葱洗净，切碎粒；葱洗净，切成葱花；将橄榄油、白糖、醋调成料汁。
2. 西红柿、洋葱、葱花装碗中，淋上料汁拌匀，撒上胡椒粉即可。

醋香西红柿沙拉

材料

西红柿 150 克,奶酪 100 克,罗勒叶、胡椒粉、葱各少许,橄榄油、醋各适量

做法

① 西红柿洗净,切成圆形厚片;葱洗净,切成葱花;奶酪切成厚片。

② 取一盘,放入西红柿,隔片放奶酪。

③ 放罗勒叶,撒上葱花、胡椒粉,淋上橄榄油、醋即成。

奶酪西红柿沙拉

材料

西红柿 150 克,奶酪 50 克,圆生菜、橄榄油各适量

做法

① 西红柿洗净,切成小块;奶酪切成细丝;圆生菜洗净,垫于盘底;放上西红柿,整齐排成三排。

② 在每排西红柿之间撒上奶酪,淋上橄榄油即成。

海藻沙拉

材料

豆腐 1 块,海藻、芝麻菜、菠菜各 10 克,烤面包片 15 克,白芝麻少许,橄榄油、盐、醋各适量

做法

① 芝麻菜、菠菜洗净,焯水。

② 锅入油烧热,加盐、豆腐煎至两面金黄。

③ 将海藻放在豆腐上,依序放上烤面包片、菠菜、芝麻菜、白芝麻,淋上醋及剩余橄榄油、盐即可。

圣女果黄瓜沙拉

材料
黄瓜 50 克，圣女果 50 克，芝麻菜 10 克，鹰嘴豆少许，橄榄油、盐和醋各适量

做法
1. 圣女果洗净，对半切；黄瓜洗净，切薄片；芝麻菜撕成小片。
2. 取一盘，放入圣女果、黄瓜、芝麻菜。
3. 撒上鹰嘴豆。
4. 加入橄榄油、盐和醋，拌匀即可。

小贴士
　　黄瓜含有人体生长发育和生命活动所必需的多种糖类和氨基酸，含有丰富的维生素，经常食用或贴在皮肤上，可有效对抗皮肤老化，减少皱纹的产生。

可口黄瓜沙拉

材料
黄瓜 200 克，彩椒 40 克，罗勒叶少许，橄榄油、盐、醋、芥末各适量

做法
1. 黄瓜洗净，去皮切块；彩椒洗净，切丝；罗勒叶清洗干净。
2. 取一小碟，加入橄榄油、盐、醋、芥末，拌匀，调成料汁。
3. 将黄瓜、彩椒装入盘中，饰以罗勒叶；将料汁淋在食材上，拌匀即可。

小贴士
　　黄瓜的主要成分为葫芦素，具有抗肿瘤的作用，对血糖也有很好的降低作用。它含水量高，经常食用可起到延缓皮肤衰老的作用。

圣女果土豆沙拉

材料

圣女果 100 克，土豆 120 克，罗勒叶少许，棕榈糖 3 克，橄榄油、奶酪各适量

做法

❶ 圣女果洗净，切小块；土豆去皮，洗净后切块，煮熟备用；罗勒叶洗净。

❷ 将圣女果、土豆装入盘中，饰以罗勒叶。

❸ 奶酪刨丝，均匀撒在盘中。

❹ 取小碟，入橄榄油，加入棕榈糖后拌匀。

❺ 将调好的橄榄油均匀淋在食材上即可。

小贴士

　　如果家里有烤箱，土豆也可放入烤箱烤熟，外焦里嫩，味道会更可口。

圣女果

奶酪

黄瓜橄榄沙拉

材料

黄瓜 60 克，橄榄、彩椒各 50 克，菠菜 30 克，奶酪、面包各 45 克，芝麻菜、沙拉酱各适量

做法

① 黄瓜洗净，切条。

② 橄榄、菠菜、芝麻菜均洗净；菠菜焯水，沥干水备用。

③ 彩椒洗净，去籽，切条。

④ 奶酪、面包均切成小方块。

⑤ 将上述食材均装入碗中。

⑥ 待食用时，再拌入沙拉酱即可。

小贴士

　　黄瓜含有维生素 B_1 和维生素 B_2，可以防止口角炎、唇炎，常食还可以润滑肌肤。

清爽黄瓜沙拉

材料

圣女果 150 克，黄瓜 100 克，黄橄榄 15 克，生菜 60 克，洋葱、芹菜叶各适量，橄榄油、醋各适量

做法

① 生菜洗净，沥干水分后放在碗底；芹菜叶洗净备用。

② 黄瓜洗净，切成薄片；洋葱洗净后切圈；黄橄榄洗净；圣女果洗净，对切。

③ 将黄瓜、圣女果、黄橄榄、洋葱装入盛有生菜的碗内，饰以芹菜叶；将橄榄油、醋淋在食材上，拌匀即可。

小贴士

　　圣女果具有生津止渴、补血养血等功效；黄瓜具有增强免疫力、减肥美容等功效。二者搭配食用，效果更佳。

小棠菜黄瓜沙拉

材料

小棠菜 60 克，黄瓜 70 克，土豆 120 克，樱桃萝卜 100 克，色拉油 9 毫升，盐、花椒粉、葱花各适量

做法

❶ 小棠菜洗净；黄瓜、樱桃萝卜均洗净，切片；土豆洗净，去皮，切块。

❷ 小棠菜放入沸水中略加焯水，捞出；土豆放入锅中煮至熟软。

❸ 将小棠菜、黄瓜、土豆、樱桃萝卜放入盘中；取一小碟，倒入色拉油、盐、花椒粉拌匀，淋在食材上，撒上葱花即可。

小贴士

　　樱桃萝卜具有抗贫血、美白祛斑、延缓衰老等功效，土豆具有健脾和胃、瘦身等功效。

西红柿鹌鹑蛋沙拉

材料

西红柿 350 克，生菜 100 克，熟鹌鹑蛋 80 克，黄瓜 70 克，橄榄油、柠檬汁、芥末、胡椒粉各适量

做法

❶ 西红柿洗净，切块；生菜洗净；熟鹌鹑蛋剥壳，切块；黄瓜洗净，切片。

❷ 将上述食材均摆入盘中，加入橄榄油、柠檬汁、芥末、胡椒粉、拌匀即可。

小贴士

　　不论是鹌鹑蛋还是鸡蛋，以蒸或煮的方式吃最好，消化吸收率基本可以达到 100%。鹌鹑蛋的营养价值不亚于鸡蛋，含有丰富的蛋白质、脑磷脂、卵磷脂、赖氨酸、维生素 A、铁、磷、钙等营养物质，有补气益血、强筋壮骨、护肤美肤的作用。

紫甘蓝果味沙拉

材料

紫甘蓝 250 克，苹果醋适量，橄榄油少许，沙拉酱 50 克

做法

① 紫甘蓝洗净，切丝，用沸水焯烫，沥干水放凉备用。

② 把紫甘蓝放入碗中，加入橄榄油拌匀。

③ 加入沙拉酱拌匀。

④ 淋上苹果醋。

⑤ 放入冰箱冷藏15分钟，取出即可。

小贴士

紫甘蓝营养丰富，含有丰富的维生素 C、维生素 E、B 族维生素以及丰富的花青素和纤维素等，备受爱美人士的欢迎。

华道夫沙拉

材料

土豆 100 克，芹菜 60 克，红莓 50 克，核桃、生菜叶、蛋黄酱各适量

做法

① 土豆用清水洗净，切大块，煮熟备用；芹菜用清水洗净，切小段；红莓、核桃均用水洗净切好，备用。

② 生菜用清水洗净，铺在盘子上，再倒入上述食材。

③ 将蛋黄酱淋在食材上，搅拌均匀即可。

小贴士

红莓含有维生素 C、类黄酮素等抗氧化物质及丰富的果胶，能养颜美容，改善便秘，帮助人体排出体内毒素及消耗多余的脂肪。

海藻丝芹菜沙拉

材料

海藻 100 克,芹菜 150 克,彩椒 50 克,盐、醋、橄榄油各适量

做法

1. 将海藻处理干净,洗净后切丝,焯水后捞出;将芹菜洗干净,切成段,焯水捞出。
2. 将彩椒洗干净,去籽后切丝。
3. 将以上食材用盐、醋、橄榄油拌匀即可。

小贴士

　　海藻中含有大量的碘,能明显降低血液中的胆固醇含量,常食海藻有利于维持心血管系统的功能,使血管富有弹性,保障皮肤营养的正常供应。另外,海藻中所含维生素丰富,可维护上皮组织健康生长,减少色素沉着。

黑木耳胡萝卜沙拉

材料

黑木耳 150 克,胡萝卜 100 克,葱 1 棵,盐 2 克,醋、橄榄油各适量

做法

1. 将黑木耳泡发,洗干净,焯水后捞出。
2. 将胡萝卜洗净,切成片。
3. 将葱洗净,切成小段。
4. 将以上食材用盐、醋、橄榄油拌匀即可。

小贴士

　　葱含有的挥发油具有刺激身体汗腺,达到发汗散热的作用;葱中所含的大蒜素,具有明显的抵御细菌、病毒的作用;葱所含的果胶,可明显地减少结肠癌的发生,有抗癌功效。

养颜沙拉

材料

西红柿80克，洋葱25克，奶酪、黄瓜、芝麻菜、生菜各适量，盐1克，橄榄油、醋各适量

做法

1 西红柿、洋葱、黄瓜、芝麻菜、生菜洗净切好。

2 将上述食材放入碗中，然后放入奶酪。

3 将盐、橄榄油、醋调成料汁，淋入沙拉中即可。

小贴士

黄瓜有保护肝脏、滋润皮肤的作用。但脾胃虚弱、腹痛腹泻、肺寒咳嗽者应少吃黄瓜。

黄瓜橄榄奶酪沙拉

材料

黄瓜50克，西红柿50克，彩椒40克，洋葱30克，奶酪、橄榄、油醋汁、盐、橄榄油、沙拉酱各适量

做法

1 黄瓜、西红柿、彩椒、洋葱洗净，切好；橄榄洗净；奶酪切块。

2 将上述食材放入碗中，淋入油醋汁、盐、橄榄油拌匀，可依据个人爱好放入适量沙拉酱。

小贴士

橄榄有清热解毒、排毒养颜的作用。但橄榄味道酸涩，不可一次大量食用，胃溃疡患者谨慎食用。

风味樱桃萝卜沙拉

材料

全麦面包 120 克，樱桃萝卜 150 克，独行菜 30 克，奶油酱适量

做法

1. 樱桃萝卜洗净，切片备用；独行菜洗净，沥干水分备用。
2. 在全麦面包上抹上适量奶油酱，然后在奶油酱上摆上樱桃萝卜，最后在沙拉上饰以独行菜即可。

小贴士

独行菜嫩叶作野菜食用，全草及种子可供药用，有利尿、化痰的功效；樱桃萝卜能通气宽胸、淡化皱纹。两者搭配，有美容养颜之效。

樱桃萝卜沙拉

材料

胡萝卜丝 60 克，樱桃萝卜片 80 克，黄瓜条 50 克，香菜碎、甜菜根丁、橄榄油、醋、盐、白糖各适量

做法

1. 甜菜根丁焯水至断生，和胡萝卜丝、樱桃萝卜片、黄瓜条、香菜碎一起摆入盘中。
2. 将橄榄油、醋、盐、白糖、香菜碎倒入玻璃杯中拌匀，上桌即可。

小贴士

胡萝卜素可清除致人衰老的自由基。此沙拉中含有丰富的胡萝卜素，有很好的抗衰美容作用。

三色沙拉

材料

豆角 180 克，彩椒、杏子、香菜叶、橄榄油、醋、盐、白糖、莳萝末各适量

做法

❶ 豆角、彩椒、杏子洗净切好。

❷ 将上述材料摆入盘中，并饰以香菜叶，加入橄榄油、醋、盐、白糖、莳萝末搅拌均匀即可。

小贴士

　　豆角有解渴健脾、补肾止泄、益气生津的功效。在选购豆角时，一般以豆条粗细均匀、色泽鲜艳、透明有光泽的为佳。

芦笋草莓沙拉

材料

草莓 170 克，芦笋 50 克，圣女果 80 克，白糖、油醋汁、香草碎各适量

做法

❶ 草莓洗净，切块，放烤盘，以150℃的炉温烤2分钟。

❷ 芦笋洗净，切段，焯水。

❸ 圣女果洗净切好，和草莓、芦笋一起装盘，撒少许香草碎，淋入油醋汁，撒上白糖即可。

小贴士

　　在欧洲，草莓享有"水果皇后"的美称，有促进消化、通便排毒的作用。

甜菜根豌豆沙拉

材料

甜菜根、胡萝卜、白萝卜、葱各 50 克，豌豆 20 克，橄榄油 10 毫升，柠檬汁、盐、白糖、醋各适量

做法

1 甜菜根、胡萝卜、白萝卜、葱洗净，切好备用；豌豆洗净，煮熟。

2 将上述食材放入盘中。

3 将橄榄油、柠檬汁、盐、白糖、醋拌匀，倒入食材里，用葱装饰即可。

小贴士

　　白萝卜能够促进消化，有利于排毒养颜。但白萝卜为寒凉蔬菜，阴盛偏寒体质者、脾胃虚寒者不宜多食。

红薯西红柿沙拉

材料

红薯 100 克，西红柿 60 克，甜瓜 50 克，芝麻菜、蛋黄酱各适量

做法

1 红薯洗净，切长条；西红柿洗净，切长条；甜瓜洗净，削皮，切小块；芝麻菜洗净，沥干水分备用。

2 将红薯、西红柿、甜瓜摆入盘中。

3 拌入适量的蛋黄酱，然后在沙拉上饰以芝麻菜即可。

小贴士

　　此沙拉爽甜可口，很适合夏季食用。西红柿含有大量的柠檬酸，有淡化色斑的作用。

美味西红柿盏

材料

西红柿 7 个，鸡蛋 2 个，鱼肉、盐、橄榄油、薄荷叶各适量

做法

1. 西红柿洗净，挖空内瓤，做成西红柿盏。
2. 鸡蛋煮熟，取蛋黄，搅碎。
3. 薄荷叶洗净，备用。
4. 取鱼肉，蒸熟后搅成泥，放入盐、橄榄油拌匀，放入西红柿盏中，再放上蛋黄，用薄荷叶点缀即可。

小贴士

西红柿含有丰富的钙、磷、铁、胡萝卜素及 B 族维生素和维生素 C，生熟皆能食用，味微酸适口，有生津止渴、补血养颜的功效。

双耳彩椒沙拉

材料

黑木耳 150 克，银耳 100 克，彩椒 2 个，盐 5 克，香油、醋、蒜末各适量

做法

1. 黑木耳用清水泡发，洗干净；银耳用清水泡发，洗干净。
2. 将彩椒洗净后去籽，切圈，焯水后捞出。
3. 将黑木耳和银耳入开水中焯熟。
4. 将以上食材用盐、香油、醋、蒜末拌匀即可。

小贴士

银耳含有蛋白质、脂肪和多种氨基酸、矿物质及肝糖，既有补脾开胃的功效，又有益气清肠的作用，还可以滋阴润肺。另外，银耳还有润肠通便的作用，对保持皮肤光泽效果很好。

红绿沙拉

材料

黄瓜 300 克，鳄梨 80 克，樱桃萝卜 150 克，莳萝、沙拉酱各适量

做法

1. 黄瓜洗净，切长片；鳄梨洗净，去皮去核，切小块；樱桃萝卜洗净，切片；莳萝清洗干净，沥干水分。
2. 将莳萝切碎后倒入沙拉酱中拌匀。
3. 将调好的沙拉酱拌入食材中即可。

小贴士

　　鳄梨果实富含多种维生素、多种矿质元素以及膳食纤维，为高能低糖水果，有降低胆固醇和血脂，保护心血管和肝脏系统等重要功能。除了食用外，鳄梨也是高级护肤品以及 SPA 的原料之一。

黄瓜

沙拉酱

萝卜玉米沙拉

材料

樱桃萝卜100克，黄瓜20克，玉米粒30克，葱5克，醋5毫升，白糖3克，橄榄油适量

做法

❶ 樱桃萝卜洗净，切成小片；黄瓜洗净，切片；玉米粒洗净，入开水中焯熟，捞出备用；葱洗净切碎。

❷ 将处理好的所有食材装入盘中。

❸ 加入橄榄油、白糖、醋拌匀即可。

小贴士

　　樱桃萝卜性甘、凉，味辛，有除燥生津、解毒散淤、通气宽胸、止咳化痰、止泻、利尿等功效；常食樱桃萝卜，还能促进肠胃蠕动，帮助身体排出毒素，有利于美容养颜。

黄瓜洋葱沙拉

材料

黄瓜、西红柿、洋葱各50克，香菜少许，盐、橄榄油、油醋汁、蛋黄酱、小茴香各适量

做法

❶ 黄瓜洗净，去皮，切小块；西红柿洗净，切块；洋葱洗净，切块，入沸水锅中焯熟；香菜洗净，切碎。

❷ 将黄瓜、西红柿、洋葱一同放入碗中，加少许盐、橄榄油拌匀，淋上油醋汁，撒上小茴香和香菜。

❸ 食用时，加入蛋黄酱拌匀即可。

小贴士

　　香菜提取液具有显著的发汗、清热、透疹的功能，其特殊香味能刺激汗腺分泌，使机体发汗。

玉米西红柿沙拉

材料

玉米 100 克，西红柿 20 克，彩椒、黄瓜、菠菜叶、橄榄油、柠檬汁、盐、醋各适量

做法

① 玉米洗净，刨粒，焯熟；西红柿洗净，切成瓣；彩椒洗净，切成丁；黄瓜洗净，切成丁。

② 将以上食材装入碗里，加入橄榄油、柠檬汁、盐和醋，拌匀。

③ 饰以菠菜叶即可。

小贴士

玉米含蛋白质、糖类、钙、磷、铁、硒、镁、胡萝卜素、膳食纤维等多种营养元素，有开胃益智、促进胃肠蠕动、排毒养颜的功效。

冲菜青豆沙拉

材料

青豆 200 克，冲菜 100 克，西芹 50 克，彩椒 30 克，橄榄油、醋各适量，盐 2 克，沙拉酱适量

做法

① 青豆洗净，入沸水焯熟备用；彩椒洗净，切小块。

② 西芹洗净，叶子留作装饰，茎切小段焯熟；冲菜洗净，切小段。

③ 将各种蔬菜混合装盘，加入橄榄油、盐、醋，淋入沙拉酱，饰以西芹叶即可。

小贴士

青豆有降低血液中的胆固醇含量、补肝养胃、长筋骨、悦颜面、乌发明目、延年益寿等功效。更年期妇女、糖尿病患者和心血管病患者最适宜吃青豆。

灯心草芦笋沙拉

材料
灯心草 20 克，干百合 80 克，芦笋 100 克，盐 3 克，醋、蒜末、橄榄油各适量

做法
1 将灯心草处理干净，洗净后切段，焯水后捞出。
2 将干百合泡发，焯水后捞出。
3 将芦笋洗干净，切成段，焯水后捞出。
4 将以上食材装盘，用盐、醋、蒜末、橄榄油拌匀即可。

小贴士
　　百合除含有蛋白质、脂肪、还原糖、淀粉及钙、磷、铁、维生素 C 等营养素外，还含有一些特殊的营养成分，如秋水仙碱等多种生物碱。这些成分综合作用于人体，不仅具有良好的营养滋补之功，还能防治多种季节性疾病。

圣女果奶酪沙拉

材料
圣女果 100 克，奶酪 50 克，罗勒叶、蜂蜜各适量

做法
1 圣女果洗净，对半切开；将奶酪捏成圆形；罗勒叶洗净。
2 取一盘，放入圣女果、奶酪、罗勒叶，再淋上蜂蜜即可。

小贴士
　　常食含有奶酪的食物能增加牙齿表层的含钙量，有抑制龋齿发生的作用。

生菜橄榄沙拉

材料

西红柿 150 克，鸡蛋 1 个，生菜 100 克，橄榄 6 颗，盐、橄榄油各适量

做法

1. 将鸡蛋洗净，煮熟后捞出，切块；橄榄洗净后备用。
2. 将生菜洗净，沥干水分后切块。
3. 将西红柿洗净，切成块。
4. 将以上食材用盐、橄榄油拌匀即可。

小贴士

　　鸡蛋具有滋阴润燥、养心安神、养血安胎、延年益寿的功效，西红柿具有生津止渴、健胃消食、清热解毒、补血养血的功效。两者搭配食用，可养心安神、补血养颜、增强免疫力、延缓衰老。

胡萝卜芹菜沙拉

材料

芹菜丝 60 克，胡萝卜丝、葱丝各 80 克，胡萝卜片 100 克，盐 3 克，醋 3 毫升，咖喱酱 1 份

做法

1. 芹菜丝、胡萝卜丝、胡萝卜片分别入沸水锅中焯水后，捞出。
2. 胡萝卜片摆在盘底，其他食材摆在胡萝卜片上，调入盐、醋拌匀。
3. 配以咖喱酱食用即可。

小贴士

　　胡萝卜可以促进皮肤的新陈代谢，促进血液循环，从而使肤色红润，有美容养颜的功效。而胡萝卜中所含胡萝卜素，可清除自由基，延缓人体衰老，维持上皮组织的健康。

黄瓜白萝卜沙拉

材料

黄瓜250克,白萝卜150克,柠檬120克,芝麻、红椒丝、醋、白糖、盐各适量

做法

1. 黄瓜、白萝卜均在盐水中洗净，沥干，切段，撒上盐腌制片刻。
2. 柠檬入盐水洗净，沥干，切成银杏叶形状；盐、醋、白糖同拌，制成酸酱，拌在黄瓜和白萝卜中，腌制片刻，加入柠檬。
3. 在拌黄瓜和白萝卜上撒芝麻、红椒丝即可。

小贴士

柠檬富含维生素 C，具有抗菌消炎、增强免疫力等多种功效；柠檬是高度碱性食品，具有很强的抗氧化作用，对促进肌肤的新陈代谢、延缓衰老及抑制色素沉着等有良效。

白菜圣女果沙拉

材料

白菜 120 克, 香橙 80 克, 圣女果 150 克, 白芝麻、盐、橄榄油、醋各适量

做法

1. 将白菜用清水洗干净，切块后焯水，捞出备用。
2. 将香橙洗净，取果肉，切成薄片。
3. 将圣女果洗干净，切成两半。
4. 将上述食材放进碗中，加入白芝麻、盐、橄榄油、醋拌匀即可。

小贴士

白菜含有丰富的维生素 C，可增强机体的抵抗力，还可以起到很好的护肤养颜效果。

彩椒黄瓜土豆沙拉

材料

黄瓜 20 克，彩椒 30 克，土豆丝 50 克，醋、白糖各少许，葡萄沙拉酱 1 份

做法

❶ 黄瓜洗净后切片；土豆丝入沸水焯熟。

❷ 彩椒用清水洗净后切成细丝。

❸ 将所有原材料加醋、白糖拌匀，淋上葡萄沙拉酱即可。

小贴士

　　苹果是低热量食物，每 100 克只产生 60 千卡热量；苹果中的营养成分可溶性大，易被人体吸收，故有"活水"之称，有利于溶解硫元素，使皮肤润滑柔嫩。多吃苹果可改善呼吸系统和肺功能，保护肺部免受空气中的灰尘和烟尘的影响。

黄瓜豆皮沙拉

材料

豆皮 100 克，黄瓜 80 克，葱花 5 克，橄榄油 3 毫升，醋 6 毫升，辣椒酱 5 克，蔬菜柠檬酱 1 份

做法

❶ 豆皮洗净，焯水后切成丝装盘；黄瓜洗净，切成细丝。

❷ 将豆皮与黄瓜一起装入盘中，用橄榄油、醋、辣椒酱、蔬菜柠檬酱拌匀。

❸ 撒上葱花即可。

小贴士

　　黄瓜平和除湿，可以收敛和消除皮肤皱纹，美白效果尤佳。生吃黄瓜不仅可以美容养颜，还可以减肥瘦身。

大刀笋片沙拉

材料

莴笋 350 克，枸杞子 10 克，盐 3 克，白糖 5 克，醋、橄榄油、沙拉酱各适量

做法

1 将莴笋刮皮洗净，用大刀切成大刀片，在水中浸泡40分钟。
2 到时间以后捞出莴笋，控干水分，装盘。
3 撒上盐、白糖，加入醋、橄榄油拌匀。
4 撒上枸杞子，淋入沙拉酱即可。

小贴士

　　枸杞子含有枸杞多糖、甜菜碱、胡萝卜素、烟酸等丰富的微量元素，具有很好的养生和药用功效，有降血糖、补肾、保护肝脏、抗疲劳、抗肿瘤、延缓衰老等作用，同时还是补充气血的佳品，对夜盲症也有一定疗效。

美味圣女果沙拉

材料

圣女果 100 克，奶酪 80 克，橄榄油 5 毫升，盐 2 克，罗勒叶、醋、胡椒粉各适量

做法

1 将圣女果用水洗净，切成两半。
2 将奶酪切成大小相似的块状。
3 将圣女果、奶酪、罗勒叶用橄榄油、盐、醋、胡椒粉一起拌匀即可。

小贴士

　　圣女果具有健胃消食、补血养血、防癌抗癌等功效，奶酪具有增强免疫力的功效。两者搭配食用，有增强体质、延缓衰老的良好功效。

爽口沙拉

材料

西红柿 100 克，香菜 3 克，橄榄油、白糖、醋各适量

做法

1. 西红柿洗净切块，香菜洗净，将两者一起装盘。
2. 取一小碗，将橄榄油、白糖、醋倒入碗中，调成料汁。
3. 将料汁淋在盘中即可。

小贴士

　　西红柿中含有丰富的抗氧化剂，而抗氧化剂可以防止自由基对皮肤的破坏，具有明显的美容抗皱的效果。西红柿中含有丰富的谷胱甘肽，谷胱甘肽可使沉着的色素减退或消失。

西红柿猕猴桃沙拉

材料

猕猴桃 1 个，西红柿 1 个，橄榄 4 个，奶酪 100 克，优格绿茶酱汁适量

做法

1. 将猕猴桃去皮，切成每片约1厘米的厚度。
2. 将橄榄切成薄片，再将西红柿切成每片约1厘米的厚度。
3. 将准备好的奶酪切成薄片。
4. 将猕猴桃、西红柿、橄榄和奶酪排列于盘中，将优格绿茶酱汁均匀地淋上即可。

小贴士

　　猕猴桃含有丰富的膳食纤维，它不仅能降低胆固醇，促进心脏健康，而且可以帮助消化，防止便秘，快速清除体内堆积的有害代谢物。

菠菜沙拉

材料

菠菜 150 克，橄榄油 5 毫升，盐 2 克，蒜泥、胡椒粉、醋各适量

做法

① 将菠菜用清水洗净，切成大段。

② 将菠菜段入开水中焯熟，捞出备用。

③ 将橄榄油、盐、蒜泥、胡椒粉、醋混合成料汁备用。

④ 将料汁浇在菠菜上，拌匀即可。

小贴士

　　菠菜含碳水化合物、蛋白质、胡萝卜素、维生素 B_1、维生素 C、钙、镁等营养元素。另外，菠菜中的维生素 C 和叶酸含量丰富，可以增强人体对铁元素的吸收，是缺铁性贫血患者的理想食物。

彩椒生菜橄榄沙拉

材料

彩椒 60 克，西红柿 100 克，洋葱 80 克，生菜 100 克，橄榄 5 个，盐、醋各适量

做法

① 彩椒、洋葱洗净，切圈；西红柿洗净，切块；生菜洗净，撕片；橄榄洗净，备用。

② 将上述食材装盘，用盐、醋拌匀即可。

小贴士

　　此沙拉若加入白糖或柠檬汁调味，口味会更清爽。

豌豆黑木耳沙拉

材料

豌豆、黑木耳各 80 克，胡萝卜 100 克，腌白菜 50 克，葱花、蒜泥各 5 克，盐、橄榄油、醋各适量

做法

1 豌豆洗净，入开水中焯熟；黑木耳用水泡发，切块，入开水中焯熟。
2 将胡萝卜洗净，切成细条，焯水后捞出。
3 将腌白菜切成小块。
4 将以上食材用葱花、蒜泥、盐、橄榄油、醋拌匀即可。

小贴士

　　豌豆与一般蔬菜有所不同，所含的赤霉素和植物凝素等物质，具有抗菌消炎、增强新陈代谢的功能；豌豆营养成分十分丰富，具有利小便、生津液和通乳的良好功效。

小白菜鸡蛋沙拉

材料

小白菜 100 克，圣女果 80 克，盐 3 克，鸡蛋 2 个，橄榄油、沙拉酱、葱花、胡椒粉各适量

做法

1 将小白菜洗干净，焯水后捞出备用。
2 将鸡蛋煮熟，捞出后晾凉，去壳切块。
3 将圣女果洗净备用。
4 将以上食材用盐、橄榄油、沙拉酱、葱花、胡椒粉拌匀即可。

小贴士

　　鸡蛋含有大量的维生素和矿物质及有高生物价值的蛋白质，其蛋白质的氨基酸组成与人体组织蛋白质最为接近，具有滋阴润燥、养心安神、美容养颜、延年益寿之功效。

生菜西瓜奶酪沙拉

材料

樱桃 80 克，西瓜、奶酪各 100 克，生菜 90 克，圣女果 20 克，罗勒叶、沙拉酱各适量

做法

1. 生菜洗净切块；西瓜取瓜瓤，切成块；圣女果洗净，切两半。
2. 樱桃洗净；奶酪切块；罗勒叶洗净，备用。
3. 将生菜放在盘底，摆上西瓜、奶酪、圣女果、樱桃，倒入沙拉酱拌匀。
4. 最后用罗勒叶装饰即可。

小贴士

西瓜汁含多种具有皮肤生理活性的氨基酸以及糖类、矿物质等营养物质，有滋润面部皮肤和增白功效，另外，西瓜肉富含维生素 A、B 族维生素和维生素 C，这些全部是保持肌肤健康和润泽所必需的养分。

黄瓜生菜沙拉

材料

洋葱 10 克，西红柿 10 克，青柠檬 10 克，生菜 10 克，黄瓜 10 克，香瓜 10 克，孜然少许，橄榄油、盐、醋、沙拉酱各适量

做法

1. 西红柿洗净，切成小瓣；黄瓜洗净，切成长条；生菜洗净，撕成小块；洋葱洗净，切成小块；香瓜洗净，切成片；青柠檬洗净，切成薄片。
2. 取一干净大杯，放入以上所有食材。
3. 加入橄榄油、盐和醋，拌匀，撒上孜然。
4. 食用前淋上沙拉酱拌匀即可。

小贴士

黄瓜富含维生素 E 和黄瓜酶，尤其是小黄瓜，除了润肤、抗衰老外，还有很好的细致毛孔的作用。

紫甘蓝彩椒沙拉

材料

紫甘蓝 100 克，胡萝卜 60 克，彩椒 1 个，白萝卜 30 克，橄榄油 8 毫升，醋、盐各适量

做法

1. 将紫甘蓝洗净、切细丝；胡萝卜洗净，切长条。
2. 将彩椒洗净后去籽，切成长条。
3. 白萝卜洗净后去皮，切成丝。
4. 以上食材放入碗中，加入橄榄油、醋、盐拌匀即可。

小贴士

白萝卜含芥子油、淀粉酶和粗纤维，具有促进消化、增强食欲、加快胃肠蠕动和止咳化痰的作用。白萝卜中还含有丰富的维生素 A、维生素 C 等维生素，能起到防止皮肤老化、保持皮肤白嫩的功效。

黄桃圣女果沙拉

材料

圣女果 120 克，黄桃 80 克，黑橄榄 50 克，芝麻菜 20 克，沙拉酱、橄榄油各适量

做法

1. 将圣女果洗净，对切。
2. 将黄桃洗净，切成小块。
3. 将黑橄榄、芝麻菜洗净，备用。
4. 将以上食材放入碗中，用沙拉酱、橄榄油拌匀即可。

小贴士

黄桃软中带硬，甜多酸少，常吃可起到通便、降低血糖、祛除黑斑、延缓衰老、增强免疫力等作用。圣女果具有防晒美容、增强人体免疫力的功效。两者搭配食用，效果更佳。

彩椒苦瓜丝沙拉

材料

苦瓜 180 克，彩椒 100 克，白糖、盐、橄榄油各适量

做法

① 将苦瓜用清水洗净，去皮后切成丝，焯水后捞出。

② 将彩椒洗干净，切长条。

③ 将以上食材用盐、白糖、橄榄油拌匀装盘即可。

小贴士

苦瓜含有一种具有抗氧化作用的物质，这种物质可以强化毛细血管，促进血液循环，预防动脉硬化。苦瓜所含的生物碱类物质奎宁，有利尿活血、清心明目的功效。另外，苦瓜还具有清热解暑、消肿解毒等功效。

竹笋丝瓜青豆沙拉

材料

竹笋 120 克，丝瓜 180 克，青豆 90 克，彩椒、盐、醋、蒜泥、橄榄油各适量

做法

① 将竹笋用清水洗净，剥皮，切成条，焯水后捞出。

② 将丝瓜清洗干净，去皮和瓜瓤，切条，入开水中焯熟。

③ 将彩椒、青豆洗净，彩椒切块，青豆焯水后捞出。

④ 将以上食材用盐、醋、蒜泥、橄榄油拌匀即可。

小贴士

丝瓜含有的维生素 B_1、维生素 C 能防止皮肤老化，使皮肤洁白、细嫩。

PART 4

延缓衰老沙拉

随着年华的渐逝，少了青春的眷顾，胶原蛋白渐渐从我们脸上流失，生活也逐渐在我们脸上刻下岁月的痕迹。如何才能挽住青春年华，延缓衰老呢？不妨从饮食入手，从一盘可以防老抗衰的蔬菜沙拉做起！

四素沙拉

材料

西红柿 4 个，甜菜根 60 克，芝麻菜 50 克，西洋菜、奶酪、色拉油、盐、白糖、莳萝末各适量

做法

❶ 西红柿、甜菜根、芝麻菜、西洋菜洗净；芝麻菜铺盘中，加入色拉油、盐调味；西红柿切去三分之一，去瓤肉，填入甜菜根。

❷ 奶酪、白糖、莳萝末拌匀放入西红柿内，饰以西洋菜即可。

小贴士

甜菜根味甘，性平微凉，有健胃消食、止咳化痰、消热解毒和肝脏解毒等功效；甜菜根中还含有自然红色维生素 B_{12} 和优质的铁质，是女性与素食者补血的最佳自然营养品。

南瓜芝麻菜沙拉

材料

芝麻菜适量，南瓜 100 克，奶酪 20 克，南瓜子、乌梅各少许，橄榄油、醋、盐、胡椒粉各适量

做法

❶ 芝麻菜、南瓜洗净，切好，焯熟。

❷ 将上述食材和南瓜子、乌梅倒入盘中，拌入橄榄油、醋、盐调味；将奶酪均匀倒入盘中，撒上少许胡椒粉即可。

小贴士

一次不要吃太多南瓜子，否则易导致头昏。

生菜西红柿沙拉

材料

生菜、西红柿、彩椒各 50 克，橄榄油、醋各适量

做法

❶ 生菜清洗干净；西红柿洗净，切块；彩椒洗净，切圈；将生菜平铺在盘里，再放上西红柿、彩椒；取一小碟，将橄榄油、醋装入碟里，拌匀，调成料汁。

❷ 将料汁淋在沙拉上即可。

小贴士

如果你喜欢过辣的食物，可以用辣椒来代替彩椒。辣椒中的辣椒素具有抗炎及抗氧化的作用。

甜菜根沙拉

材料

甜菜根 130 克，青菜叶 30 克，黑芝麻、白芝麻各少许，橄榄油、醋、白糖、盐各适量

做法

❶ 甜菜根、青菜叶洗净切好；甜菜根焯水后装入盘中，加入青菜叶，撒上黑芝麻、白芝麻。

❷ 再加入适量橄榄油、醋、白糖、盐调味，拌匀即可。

小贴士

甜菜根应选直根扁球状、长锥状，皮肉深红色至深紫红色的。甜菜根有预防阿尔茨海默病的作用。

苗苣甜菜根沙拉

材料

苗苣 20 克，甜菜根 70 克，甜橙、核桃仁、芝麻菜、千岛酱、罗勒叶碎各适量

做法

1. 苗苣、芝麻菜均洗净，沥干水分备用。
2. 甜菜根洗净，削皮，切片，焯水；甜橙洗净，去皮，切块。
3. 将苗苣铺在盘底，然后摆入甜菜根、甜橙、核桃仁、芝麻菜。
4. 将千岛酱倒入碗中，然后加入罗勒叶碎，拌匀，将调好的千岛酱拌入沙拉中即可。

小贴士

甜橙被称为"疗疾佳果"，具有疏肝理气的功效。

南瓜洋葱沙拉

材料

南瓜 150 克，洋葱 100 克，盐 3 克，白糖、橄榄油各适量

做法

1. 将南瓜洗干净，去皮后切成小方块，焯水后捞出。
2. 将洋葱用清水洗净，切圈。
3. 将南瓜块、洋葱圈和白糖、盐、橄榄油拌匀，装盘。

小贴士

南瓜含有丰富的胡萝卜素和维生素 C，可以健脾益胃，防治夜盲症，使皮肤变得细嫩，并有中和致癌物质的作用。另外，南瓜还具有补中益气、降血脂、降血糖、清热解毒等功效。

洋葱奶酪沙拉

材料

胡萝卜、甜菜根各 30 克，洋葱 10 克，奶酪 30 克，芹菜叶少许，橄榄油、盐、醋各适量

做法

1. 胡萝卜洗净，切块备用；甜菜根洗净，切成小块；洋葱切圈；奶酪切条。
2. 锅中加适量清水烧开，把切好的胡萝卜、甜菜根倒入水中，焯至熟透。
3. 焯好的材料捞出，取一盘，放入以上所有食材。
4. 加入橄榄油、盐和醋，拌匀，饰以芹菜叶即可。

小贴士

　　洋葱含有一种叫硒的抗氧化剂，能使人体产生大量的谷胱甘肽，使癌症发生率大大下降。凡有皮肤瘙痒性疾病和患有眼疾、眼部充血者忌食洋葱；肺胃发炎者少食洋葱。

胡萝卜

洋葱

清爽圣女果沙拉

材料

圣女果 170 克，罗勒叶适量，橄榄油 10 毫升，醋、葡萄酒各适量

做法

❶ 将圣女果用清水洗干净，去蒂，对半切开；将罗勒叶洗净备用。

❷ 取一碗，将准备好的圣女果倒入碗中。

❸ 加入橄榄油、醋、葡萄酒搅拌均匀，饰以罗勒叶即可。

小贴士

　　圣女果中含有谷胱甘肽和番茄红素等营养物质，这些物质可促进人体生长发育，并能增强人体抵抗力，延缓衰老。

芝麻菜沙拉

材料

芝麻菜 60 克，橄榄油、盐、醋各适量

做法

❶ 芝麻菜洗净，沥干水分。

❷ 取一盘，将芝麻菜装入盘中。

❸ 加入适量橄榄油、盐、醋拌匀即可。

小贴士

　　芝麻菜含有含草酸、酒石酸、苹果酸以及钾、钙、钠、铁、氯、磷、锰等营养成分。它的种子油可降肺气，治久咳、尿频等症。

豌豆白菜沙拉

材料

白菜 150 克，豌豆 80 克，盐、醋、胡椒粉、蒜泥、橄榄油各适量

做法

① 将白菜用清水洗净，切片，焯水后捞出。

② 将豌豆清洗干净，入开水焯熟。

③ 将盐、醋、胡椒粉、蒜泥、橄榄油混合成料汁。

④ 将白菜和豌豆装盘，淋上料汁即可。

小贴士

豌豆富含粗纤维，能促进大肠蠕动，保持大便通畅，起到清洁大肠的作用。而豌豆荚和豆苗的嫩叶富含维生素 C 和能分解体内亚硝胺的酶，它们可以分解亚硝胺，具有抗癌防癌的作用。

小黄瓜奶酪沙拉

材料

小黄瓜 1 根，薄荷叶 10 克，韭菜 10 克，奶酪、松子、黑芝麻、橄榄油各适量

做法

① 洗净的小黄瓜竖着切成薄片。

② 奶酪中加入黑芝麻，拌匀。

③ 将小黄瓜片卷成圆柱形，用洗净的韭菜系住，摆在盘中，放入拌好的奶酪，放上薄荷叶，浇上橄榄油，再撒上松子即可。

小贴士

松子中的脂肪成分主要为亚油酸、亚麻油酸等不饱和脂肪酸，有软化血管和防治动脉粥样硬化的作用。松子有很高的食疗价值，经常食用松子可以滋润皮肤，延年益寿。

橄榄双红沙拉

材料

橄榄少许，西红柿130克，葡萄酒8毫升，盐、白糖、橄榄油各适量，红椒、罗勒叶各适量

做法

❶ 橄榄切好；西红柿洗净，切丁；红椒洗净，切小片；罗勒叶洗净。

❷ 红椒焯水；将橄榄、西红柿、红椒装好盘，并饰以罗勒叶。

❸ 淋上适量葡萄酒、橄榄油，加少许盐、白糖拌匀即可。

小贴士

　　一个红椒大约含有5000个国际单位的维生素A，可满足成年人每天的需求量。

洋葱土豆沙拉

材料

洋葱20克，土豆50克，芹菜叶10克，彩椒10克，奶油、沙拉酱各适量

做法

❶ 取部分洋葱洗净，切成丁；剩余洋葱切成长条；洗净的彩椒切开，去籽，切成块；芹菜叶切成段；土豆去皮洗净，切成丁。

❷ 锅中加适量清水烧开，倒入土豆煮熟。

❸ 煮好的土豆捞出，盛碗中，加奶油拌匀。

❹ 放上洋葱，摆上彩椒和芹菜叶。

❺ 倒入拌好的土豆，放上切好的洋葱丁，浇上沙拉酱即可。

小贴士

　　土豆含有丰富的维生素及钙、钾等微量元素，且易于消化吸收，营养丰富。

什锦蔬菜沙拉

材料

西红柿400克，熟胡萝卜丝30克，黄瓜40克，黄桃、熟玉米粒、罗勒叶各适量，盐1克，橄榄油、红酒醋各适量，胡椒粉少许

做法

❶ 西红柿洗净，切块；黄瓜洗净，削皮，切片；黄桃洗净，去皮，切块；罗勒叶洗净备用；西红柿块、熟胡萝卜丝、黄瓜片、黄桃块、熟玉米粒装盘。

❷ 取一小碟，倒入橄榄油，加盐、红酒醋、胡椒粉拌匀，然后淋在食材上，饰以罗勒叶即可。

小贴士

　　黄桃含有丰富的营养元素，常吃黄桃能起到通便、降血糖、降血脂、抗自由基、延缓衰老、提高免疫力的作用。

西红柿奶酪沙拉

材料

西红柿200克，奶酪150克，薄荷叶少许，橄榄油、胡椒粉、醋各适量

做法

❶ 西红柿洗净，切成圆形厚片；奶酪切成厚片；取一盘，放上西红柿。

❷ 将奶酪片隔层放入西红柿片中间。

❸ 放上薄荷叶，撒上胡椒粉，淋橄榄油、醋，拌匀即可。

小贴士

　　如果觉得沙拉太甜，可以酌量减少奶酪的用量。

西红柿烤面包沙拉

材料

西红柿、烤面包、生菜、芹菜叶、土豆丝各10克，熟鸡蛋半个，橄榄油、盐、醋、沙拉酱各适量

做法

❶ 西红柿、生菜洗净切好；烤面包切成小块；土豆丝焯至断生，捞出备用。

❷ 取一盘，放入以上所有食材及芹菜叶、熟鸡蛋。

❸ 加入橄榄油、盐、醋搅拌均匀，浇上沙拉酱即可。

小贴士

煮鸡蛋时，宜嫩不宜老，以水沸后煮5分钟为宜，这样煮出来的鸡蛋容易消化吸收。

五彩蔬菜沙拉

材料

西红柿65克，洋葱30克，南瓜、黄瓜、紫叶生菜、油橄榄、芝麻菜各适量，油醋汁适量

做法

❶ 西红柿、洋葱、南瓜、黄瓜、紫叶生菜、油橄榄、芝麻菜洗净切好。

❷ 将南瓜、洋葱入沸水中焯熟。

❸ 将上述食材放入盘中，均匀地淋上油醋汁即可。

小贴士

紫叶生菜以色紫质嫩、无抽薹和病斑者为上品。若要保存，可将紫叶生菜用一块湿布裹好，放进冰箱中，这样可以保鲜四五天。

南瓜西蓝花沙拉

材料

南瓜 100 克，西蓝花 100 克，四季豆 50 克，彩椒少许，橄榄油、盐、醋各适量

做法

❶ 将南瓜、西蓝花、四季豆、彩椒分别洗净，焯熟后捞出备用。

❷ 将西蓝花、南瓜、四季豆、彩椒装入盘里，将橄榄油、盐、醋调成料汁。

❸ 将料汁淋在食材上即可。

小贴士

吃南瓜前，如发现南瓜表皮有溃烂，或切开后散发出酒精味等，则不可食用。

紫甘蓝香菜沙拉

材料

紫甘蓝 250 克，香菜叶适量，橄榄油 10 毫升，盐、胡椒粉、白糖各适量

做法

❶ 紫甘蓝、香菜叶洗净，切好，放入盘中。

❷ 取一小碟，加入橄榄油、盐、白糖调成料汁；将料汁淋在沙拉上，拌匀，再撒上少许胡椒粉即可。

小贴士

紫甘蓝含有丰富的维生素 E、花青素等，有抗衰老、维护皮肤健康、减肥、预防感冒等功效。需要注意的是，患有皮肤瘙痒性疾病、眼部充血患者忌食紫甘蓝，肺部发炎患者少食紫甘蓝，胃肠溃疡及出血特别严重，以及患有腹泻肝病时不宜食用紫甘蓝。

黄瓜豌豆沙拉

材料

黄瓜 200 克，带叶樱桃萝卜 100 克，豌豆少许，橄榄油、盐、醋各适量

做法

1. 黄瓜用清水洗干净，切成长片；带叶樱桃萝卜用清水洗干净，对切成片。
2. 豌豆用清水洗干净，焯熟。
3. 将以上食材放入盘内。
4. 加入橄榄油、盐、醋，拌匀即可。

小贴士

　　豌豆不仅含有丰富的蛋白质，且包括了人体所必需的 8 种氨基酸。此外，豌豆还含有丰富的维生素 C，不仅能抗坏血病，还能阻断人体中亚硝胺合成，阻断外来致癌物的活化。

甜菜根豌豆沙拉

材料

甜菜根 220 克，豌豆 100 克，黄瓜 80 克，甜菜叶 30 克，苹果醋、橄榄油、盐各适量

做法

1. 将甜菜根削皮，洗净，切丝；黄瓜洗净，切丁；豌豆、甜菜叶均洗净。
2. 将甜菜根、豌豆放入锅中煮约7分钟，捞出放入盘中。
3. 再放入黄瓜和甜菜叶。
4. 加入苹果醋、橄榄油、盐，拌匀即可。

小贴士

　　甜菜根含有对人体非常有益的叶酸，而这种元素是预防贫血的重要物质之一，并且叶酸还有抗癌、防治高血压及阿尔茨海默病的作用。

彩椒花菜沙拉

材料

彩椒 100 克，花菜、黄瓜、圣女果各 35 克，鹰嘴豆、生菜各适量，橄榄油、柠檬汁各适量，盐、白糖各少许

做法

① 彩椒洗净，切小块；花菜洗净，择成小朵；圣女果洗净，对半切开；鹰嘴豆、生菜洗净，沥干水分；黄瓜洗净，切小块。

② 将花菜、鹰嘴豆分别放入沸水锅中焯熟。

③ 将一片生菜叶紧贴杯壁，放入杯中。

④ 再将彩椒、花菜、圣女果、黄瓜、鹰嘴豆放入杯中。

⑤ 取一小碟，加入橄榄油、柠檬汁、盐、白糖，拌匀，调成料汁，淋在沙拉上即可。

小贴士

鹰嘴豆需用水泡开煮熟方可食用。鹰嘴豆在补血、补钙等方面作用明显，是糖尿病、高血压患者的最佳食品。

花菜　　　　　柠檬汁

白菜彩椒韭菜沙拉

材料

白菜150克，彩椒100克，韭菜、盐、橄榄油、白芝麻、醋各适量

做法

❶ 将白菜洗净，切成长条，焯水后捞出；韭菜洗净后切成段。

❷ 将彩椒用清水洗净，去籽后切成方块。

❸ 将盐、橄榄油、白芝麻和醋调成料汁。

❹ 将白菜、彩椒、韭菜放进碗中，倒入料汁拌匀即可。

小贴士

　　韭菜含有丰富的纤维素，每100克韭菜含1.5克纤维素，高于葱和芹菜。纤维素可以促进肠道蠕动、预防大肠癌的发生，同时又能减少对胆固醇的吸收，具有预防和辅助治疗动脉硬化、冠心病等疾病的功效。

西红柿蛋黄酱沙拉

材料

西红柿1个，蒜、芹菜叶各少许，盐1克，蛋黄酱50克，椰浆适量

做法

❶ 西红柿洗净，将上部1/3切去，并将西红柿的瓤肉挖干净。

❷ 蒜去皮，洗净，切末；芹菜叶洗净，切碎备用。

❸ 取一小碗，倒入适量蛋黄酱，拌入蒜、芹菜叶，再加少许椰浆、盐调匀。

❹ 将调好的酱用勺舀入西红柿内即可。

小贴士

　　西红柿营养丰富，含有丰富的维生素C和维生素E，可以减少毒素和脂肪在人体内的堆积。西红柿还有降脂降压、延缓衰老的功效。

腐竹芹菜沙拉

材料

干腐竹150克，芹菜150克，盐、姜汁、蒜末、色拉油各适量

做法

1. 将腐竹用清水泡发，洗净后斜切成段，焯水后捞出。
2. 将芹菜清洗干净，去掉叶子，斜切成段，入开水焯熟。
3. 将盐、姜汁、蒜末、色拉油调成料汁。
4. 将腐竹和芹菜装盘，淋上料汁即可。

小贴士

　　腐竹含有多种矿物质，能补充钙质，防止因缺钙导致的骨质疏松，增进骨骼发育。常吃腐竹可健脑并预防阿尔茨海默病，保护心脏，降低血液中的胆固醇含量，有防治高脂血症、动脉硬化的作用。

素八宝沙拉

材料

青豆200克，杏仁80克，花生粒50克，西红柿1个，哈密瓜50克，青苹果半个，白糖少许，沙拉酱适量

做法

1. 青豆、杏仁洗净，过热水，焯熟捞出，杏仁去皮。
2. 哈密瓜洗净，削皮去瓤，切丁；花生粒提前泡在水中2个小时，去皮，分两瓣。
3. 西红柿洗净去籽，切丁；青苹果洗净，削皮去核，切丁；将所有食材装盘，拌入白糖，淋上沙拉酱，加以装饰即可。

小贴士

　　杏仁含有丰富的不饱和脂肪酸、维生素E等抗氧化物质，能预防疾病和早衰，有益于心脏健康。

紫甘蓝生菜沙拉

材料
紫甘蓝、生菜、包菜各75克,西红柿、胡萝卜、樱桃萝卜、沙拉酱各适量

做法
① 将紫甘蓝、包菜、生菜分别洗净,切碎备用。
② 将西红柿洗净,切块;胡萝卜洗净,切条;樱桃萝卜洗净,切薄片。
③ 将上述食材均装入玻璃碗中,淋上沙拉酱即可。

小贴士
　　紫甘蓝食法多样,可煮、炒、凉拌、腌制等,经常吃紫甘蓝对于维护皮肤健康十分有益。

三蔬奶酪沙拉

材料
西红柿170克,生菜、黄瓜、奶酪各适量,橄榄油14毫升,柠檬汁、胡椒粉、迷迭香碎各适量

做法
① 将西红柿、生菜、黄瓜洗净,西红柿切块,黄瓜切丁。
② 生菜铺碗底,放入西红柿、黄瓜、奶酪。
③ 将橄榄油、柠檬汁、胡椒粉、迷迭香碎调成料汁,淋在食材上即可。

小贴士
　　此沙拉如用各式果醋代替柠檬汁,别有一番风味。

西红柿红腰豆沙拉

材料

西红柿 60 克，彩椒 30 克，红腰豆 20 克，黄瓜 20 克，橄榄油、奶酪块、盐、白糖、醋各适量

做法

① 西红柿、彩椒、黄瓜洗净切好；红腰豆洗净后煮熟备用。

② 将橄榄油、盐、白糖和醋调成料汁；取一盘，放入西红柿、黄瓜、彩椒、奶酪块和红腰豆，调入料汁，拌匀即可。

小贴士

　　红腰豆是豆类中营养较为丰富的一种，含有丰富的维生素A、维生素C和B族维生素等。红腰豆有补血、帮助细胞修护及防衰老等功效。

玉米豌豆沙拉

材料

熟玉米棒 50 克，圣女果 50 克，红腰豆 30 克，豌豆 50 克，罗勒叶、橄榄油、盐、白糖、醋各适量

做法

① 玉米棒去芯，切小块；豌豆、红腰豆洗净，煮熟；圣女果洗净，切半。

② 取一小碟，将橄榄油、盐、白糖、醋调成料汁，淋在食材上，饰以罗勒叶即可。

小贴士

　　玉米所含微量元素有很好的抗衰老作用，玉米还具有减肥、增加记忆力、明目等功效，此外，玉米还可以降血压、降血脂。皮肤病患者忌食玉米。

清爽开胃沙拉

材料

黄瓜 30 克，西红柿 1 个，橄榄油、盐、白糖、醋各适量

做法

❶ 黄瓜洗净，去皮，切厚片；西红柿洗净，切块备用。

❷ 将橄榄油、盐、白糖、醋倒入碟中，调成料汁。

❸ 将切好的黄瓜、西红柿装入盘中。

❹ 将料汁淋在食材上，拌匀即可。

小贴士

质量好的黄瓜鲜嫩，外表的刺粒未脱落，色泽绿，外形饱满，硬实。经常食用黄瓜可起到延缓皮肤衰老的作用。

豆腐干芹菜沙拉

材料

豆腐干 180 克，芹菜叶 80 克，盐、醋、柠檬汁、橄榄油各适量

做法

❶ 将豆腐干切成小块备用。

❷ 将芹菜叶清洗干净，切碎。

❸ 将盐、醋、柠檬汁、橄榄油混合均匀，制成料汁。

❹ 将豆腐干和芹菜叶装碗，淋上料汁即可。

小贴士

豆腐干营养丰富，含有大量蛋白质、脂肪、碳水化合物，还含有钙、磷、铁等多种人体所需的矿物质。豆腐干含有的卵磷脂可清除附在血管壁上的胆固醇，防止血管硬化，预防心血管疾病，保护心脏。

茄子红椒沙拉

材料

茄子 250 克，红椒 20 克，葱 30 克，盐 5 克，红油 20 毫升，辣芝麻拌酱 1 份

做法

❶ 将茄子洗净，切成长条，放进开水中焯熟，然后捞出沥干水，装盘摆好。

❷ 红椒用清水洗净，剁成碎末；葱洗净以后切成葱花。

❸ 将辣芝麻拌酱、葱花、红椒末、盐、红油同拌，淋在茄子条上即可。

小贴士

　　茄子含有维生素 E，有防止出血和抗衰老的功能，常吃茄子，可使血液中的胆固醇水平不会增高；茄子还含有丰富的维生素 P，这种物质能增强人体细胞间的黏着力，增强毛细血管的弹性，防止微血管破裂出血。

海带芝麻香沙拉

材料

海带 150 克，盐 3 克，芝麻 5 克，葱花、蒜泥各 3 克，橄榄油 8 毫升

做法

❶ 将海带用清水洗净，切成丝。

❷ 将海带放进开水中焯一会儿，捞出稍晾。

❸ 将盐、芝麻、橄榄油、葱花、蒜泥一起搅拌成料汁。

❹ 海带入碗，再加入料汁拌匀即可。

小贴士

　　海带中的优质蛋白质和不饱和脂肪酸，对心脏病、糖尿病、高血压均有一定的防治作用。海带还具有软坚散结、通行利水、祛脂降压等功效，并对防治硅肺病有较好的作用。

生菜柠檬沙拉

材料
生菜 100 克，柠檬 1 个，西红柿 150 克，盐、橄榄油、香菜叶、胡椒粉、熟蚕豆各适量

做法
1. 将生菜洗净，晾干备用；香菜叶洗净，切成段备用。
2. 将柠檬洗净，切成薄片。
3. 将西红柿洗净，切成块状。
4. 以上食材和盐、橄榄油、胡椒粉、熟蚕豆拌匀即可。

小贴士
蚕豆含有蛋白质、碳水化合物、粗纤维、维生素 B_1、维生素 B_2 和钙、铁、钾等多种矿物质。此外，蚕豆中的钙能促进人体骨骼的生长发育。

小白菜萝卜沙拉

材料
小白菜 100 克，圣女果 80 克，樱桃萝卜 150 克，盐 3 克，橄榄油、沙拉酱、胡椒粉各适量

做法
1. 将小白菜洗干净，焯水后捞出备用。
2. 将圣女果洗净后切两半。
3. 将樱桃萝卜洗净后切块。
4. 以上食材和盐、橄榄油、沙拉酱、胡椒粉拌匀即可。

小贴士
樱桃萝卜的叶片不但鲜嫩爽口，而且营养成分比其他萝卜高，适宜生吃，有促进胃肠蠕动、增进食欲、通气宽胸、健胃消食、止咳化痰、除燥生津等功效。

柠檬生菜洋葱沙拉

材料

柠檬1个，洋葱1个，生菜60克，水瓜柳10克，蛋片2片

做法

❶ 生菜洗净后，切成块状；将已烤过的蛋片摆放在盘中。

❷ 洋葱清洗干净，切成圆圈片，然后撒上水瓜柳。

❸ 柠檬洗净，切成半圆片，和生菜放在一起即可。

小贴士

　　柠檬富含维生素C，对人体发挥的作用犹如天然抗生素，具有抗菌消炎、增强人体免疫力等多种功效。柠檬所含维生素C和维生素P，能增强血管弹性和韧性，可预防和辅助治疗高血压和心肌梗死。

芝麻菜圣女果沙拉

材料

生菜100克，樱桃萝卜100克，芝麻菜30克，圣女果50克，玉米粒、盐、橄榄油、胡椒粉、醋各适量

做法

❶ 将生菜、芝麻菜分别用清水洗干净，沥干水分备用。

❷ 将樱桃萝卜洗净，切成块状；玉米粒入开水焯熟。

❸ 将圣女果洗净，切成两半。

❹ 将以上食材和盐、橄榄油、胡椒粉、醋一起拌匀即可。

小贴士

　　芝麻菜性平味苦，有滋养肝肾、润燥滑肠的功能，能辅助治疗津枯血燥、大便秘结等症。

香橙圣女果沙拉

材料

香橙1个，生菜、圣女果各150克，土豆、黄桃各80克，盐、橄榄油、蒜泥各适量

做法

1. 将生菜洗干净，切成块状；土豆洗净、去皮，切成细条后焯水。
2. 将香橙、黄桃洗净，分别切块。
3. 将圣女果洗净，切两半。
4. 将以上食材和盐、橄榄油、蒜泥一起拌匀即可。

小贴士

土豆含有丰富的维生素 B_1、维生素 B_2 和维生素 B_5 等 B 族维生素及大量的优质纤维素，还含有微量元素、氨基酸、蛋白质、脂肪和优质淀粉等营养元素，具有延缓衰老的功效。

小白菜圣女果沙拉

材料

小白菜 100 克，圣女果 80 克，韭菜 50 克，樱桃萝卜、素鸡肉各 150 克，盐 2 克，橄榄油 5 毫升，蒜泥 3 克，葱、醋各适量

做法

1. 将小白菜洗净，晾干备用；圣女果洗净，切成两半；韭菜洗净切段。
2. 将樱桃萝卜洗干净，切成块。
3. 将葱清洗干净，切成小段备用。
4. 将以上食材及素鸡肉和盐、橄榄油、蒜泥、醋拌匀即可。

小贴士

小白菜富含维生素 A、维生素 C、B 族维生素、钾、硒等，有利于预防心血管疾病，降低患癌症的风险。小白菜含钙量高，是防治维生素 D 缺乏症（佝偻病）的理想蔬菜。

芦荟苦瓜沙拉

材料

芦荟10克，苦瓜350克，盐3克，白糖5克，橄榄油10毫升，醋、沙拉酱各适量

做法

❶ 芦荟去外皮，切成小条，用开水焯熟，沥干水分。

❷ 苦瓜洗净，去两头，对剖后分切三瓣，去籽及白色内膜，斜切成薄片，放入冰水中浸泡片刻，捞出沥干。

❸ 将芦荟和苦瓜放入盘中，加入盐、白糖、橄榄油、醋拌匀。

❹ 将沙拉酱淋入盘中即可。

小贴士

食用芦荟能补充多种微量元素，同时可清热消火、排毒养颜；但芦荟属寒凉食物，多吃会上吐下泻，一般人每天食用不宜超过15克。

青笋沙拉

材料

青笋500克，蒜10克，红油10毫升，辣椒腌酱1份

做法

❶ 青笋去皮，以清水洗净，切段，每段中间划一刀后切薄片；蒜洗净，去皮切末。

❷ 将笋片放入碗中，加入辣椒腌酱、蒜末，搅拌均匀后腌2分钟。

❸ 将腌好的青笋摆盘，淋上红油即可。

小贴士

青笋中碳水化合物的含量较低，而无机盐、维生素的含量较丰富，尤其是含有较多的烟酸。烟酸是胰岛素的激活剂，糖尿病患者经常吃青笋，可改善糖代谢功能。

海带黄瓜沙拉

材料

海带 150 克，蟹肉棒 80 克，黄瓜片适量，松子拌酱 1 份，醋、红辣椒粉、蒜蓉、盐、糖、芝麻盐各适量

做法

① 将海带洗净，在沸水中焯3分钟，然后用凉水冲洗，切小片。

② 黄瓜片撒上盐腌制片刻后，挤出水分；将蟹肉棒焯熟后撕成细丝。

③ 将海带、黄瓜、蟹肉棒拌在一起，并撒上红辣椒粉、蒜蓉、芝麻盐、糖、醋、松子拌酱，拌匀即可。

小贴士

　　海带中的海藻酸钠有预防白血病和骨痛病的作用，对动脉出血亦有止血作用。另外，海藻酸钠还具有降压作用。

西红柿土豆沙拉

材料

土豆 200 克，黄瓜 30 克，西红柿 50 克，沙拉酱 50 克，淡奶油、生菜、柠檬汁各适量

做法

① 生菜洗净，铺在碗底；土豆洗净，去皮，切小块；西红柿洗净，切瓣；黄瓜洗净，切片。

② 土豆用水煮好，用勺子压成泥；取适量沙拉酱用淡奶油、柠檬汁调匀。

③ 将调好的沙拉酱和土豆拌匀，再放入西红柿和黄瓜片拌匀即可。

小贴士

　　土豆含有丰富的维生素 B_1、维生素 B_2 及大量的优质纤维素，还含有微量元素、氨基酸、蛋白质和优质淀粉等营养元素，具有抗衰老的功效。

洋葱西蓝花沙拉

材料

西蓝花 100 克，洋葱 50 克，西红柿 80 克，圣女果适量，沙拉酱 1 份

做法

❶ 将西蓝花清洗干净，切成朵；洋葱清洗干净，切碎；西红柿清洗干净，一部分切碎粒，一部分切片；圣女果洗净。

❷ 将西蓝花放入沸水锅中焯熟后捞出。

❸ 将西蓝花、洋葱粒、圣女果、西红柿粒一起装盘。

❹ 加入沙拉酱拌匀，用西红柿片围边。

小贴士

　　洋葱含有前列腺素 A，能降低外周血管阻力，降低血黏度，可用于降低血压、提神醒脑、缓解压力、预防感冒。此外，洋葱还能清除体内自由基，增强新陈代谢能力。

香脆双丝沙拉

材料

素海蜇丝 80 克，胡萝卜 120 克，香菜 5 克，香芝麻蒜拌酱 1 份

做法

❶ 素海蜇丝洗净；胡萝卜洗净，切成细丝；香菜洗净备用。

❷ 把素海蜇丝放入水中焯熟，捞出沥干。

❸ 将香芝麻蒜拌酱与素海蜇丝、胡萝卜丝一起搅拌均匀，再撒上香菜即可。

小贴士

　　胡萝卜具有一定的降压、强心、抗炎、抗过敏和增强视力的作用，其降压机理主要是由其所含钾盐所致。胡萝卜素可清除致人衰老的自由基，其所含的 B 族维生素和维生素 C 等营养成分有润皮肤、抗衰老的作用。

南瓜杨桃沙拉

材料

南瓜 150 克，黑橄榄 60 克，杨桃 1 个，覆盆子 50 克，罗勒叶、橄榄油各适量

做法

① 将南瓜洗净，去皮切块，焯水后沥干。

② 将黑橄榄和覆盆子洗净，晾干；杨桃洗净，切成狭长形的块状。

③ 将南瓜放在盘子中间，黑橄榄、覆盆子、杨桃围在四周；最后放上罗勒叶，淋上橄榄油即可。

小贴士

　　南瓜高钙、高钾、低钠，有利于预防骨质疏松和高血压，特别适合中老年人和高血压患者食用。此外，南瓜还含有磷、镁、铁、铜、锰、铬、硼等元素，对防治糖尿病、降低血糖有特殊的疗效。

红腰豆生菜沙拉

材料

红腰豆 100 克，生菜 100 克，樱桃萝卜 50 克，盐、橄榄油、醋各适量

做法

① 将生菜用清水洗干净，摆放在碗底。

② 将红腰豆洗净，放进开水中焯熟，捞出稍晾备用。

③ 将樱桃萝卜洗净，切成薄片。

④ 将红腰豆、樱桃萝卜和盐、橄榄油、醋拌匀，倒在生菜上即可。

小贴士

　　红腰豆是豆类中营养较为丰富的一种，含有丰富的维生素 A、B 族维生素和维生素 C，也含有丰富的抗氧化物、蛋白质、膳食纤维及铁、镁、磷等多种营养素，有补血、增强免疫力、帮助细胞修护及防衰老等功效。

南瓜蜜汁沙拉

材料

南瓜 150 克，奶酪汁 100 毫升，蜂蜜适量

做法

❶ 将南瓜洗净后去皮，切块，焯水后捞出。

❷ 奶酪汁里加入蜂蜜，搅拌均匀后倒入玻璃碗中。

❸ 将南瓜放入玻璃碗中即可。

小贴士

　　南瓜可蒸、煮食或煎汤服，具有补中益气、消炎止痛、解毒杀虫、降糖止渴的功效，对百日咳、丹毒、白喉、冻疮，也有一定疗效。特别适合糖尿病患者和中老年人食用。

茴芹芝麻沙拉

材料

茴芹（含有茴香和芹菜混合香味的菜）110 克，辣椒酱 6 克，葱末 14 克，蒜泥 6 克，芝麻 2 克，橄榄油 13 毫升，醋 15 毫升

做法

❶ 清理幼嫩的茴芹，并用清水洗净后捞出；将沥去水分的茴芹切成 6 厘米左右长的段。

❷ 辣椒酱、葱末、蒜泥、芝麻、橄榄油、醋混合，调成料汁。

❸ 茴芹里放入料汁，轻轻搅拌，装碗即可。

小贴士

　　茴芹性凉质滑，故脾胃虚寒、肠胃不固者慎食。

豆腐丁豌豆沙拉

材料

豆腐150克,豌豆120克,胡萝卜100克,盐、胡椒粉、橄榄油各适量

做法

1. 将豆腐切成小块。
2. 将豌豆洗干净,焯水后捞出,控干水。
3. 将胡萝卜洗干净,切成丁。
4. 将以上食材和盐、胡椒粉、橄榄油一起拌匀即可。

小贴士

　　豆腐为补益、清热的养生食品,常食豆腐可补中益气、清热润燥、生津止渴、清洁肠胃。豆腐含有丰富的钙,对防治骨质疏松症有良好的作用。

西红柿鳄梨沙拉

材料

西红柿70克,生菜、鳄梨、黄瓜各适量,橄榄油12毫升,醋、盐、白糖各适量

做法

1. 西红柿洗净,切块;黄瓜洗净,切厚片;生菜洗净,沥干水分;鳄梨洗净,去皮去核,切小块。
2. 将生菜均匀铺在碗底,然后加入西红柿、黄瓜、鳄梨。
3. 取一小碟,加入橄榄油、醋、盐、白糖,拌匀,调成料汁。
4. 将调好的料汁淋在食材上即可。

小贴士

　　西红柿富含番茄红素,具有抗氧化功能。西红柿中含有果酸,对高脂血症患者也很有益处。

莴笋彩椒沙拉

材料

莴笋 300 克，彩椒、芹菜叶各 10 克，罗勒叶少许，盐、橄榄油、醋各适量

做法

1. 将莴笋用清水洗干净，切成薄片，焯水后捞出沥干。
2. 将芹菜叶、罗勒叶分别洗干净，芹菜叶切碎备用。
3. 将彩椒洗净，去籽后切成丁。
4. 将盐、橄榄油、醋混合成料汁。
5. 将莴笋、彩椒、芹菜叶拌匀装盘，淋上料汁，饰以罗勒叶即可。

小贴士

患眼病、痛风者及脾胃虚寒、腹泻便溏之人不宜食用莴笋。

黄花菜黄瓜沙拉

材料

素海蜇 80 克，黄花菜 100 克，黄瓜 50 克，彩椒、盐、醋、橄榄油各适量

做法

1. 将素海蜇洗净，焯水后捞出备用。
2. 将黄花菜洗净，焯水；彩椒洗净，切条。
3. 将黄瓜洗净，切成薄片；盐、醋和橄榄油调成料汁。
4. 将素海蜇、彩椒和黄花菜放在盘中，黄瓜放在周围，淋上料汁即可。

小贴士

黄花菜含有丰富的卵磷脂，对增强和改善大脑功能有重要作用。

125

莴笋蘑菇沙拉

材料

莴笋 180 克，蘑菇 120 克，彩椒 50 克，盐、醋、橄榄油各适量

做法

1 将莴笋用清水洗净，切成薄片。
2 将蘑菇清洗干净，切段，入开水焯熟。
3 将彩椒洗净，去籽后切成菱形块。
4 将以上食材和盐、醋、橄榄油拌匀即可。

小贴士

　　莴笋叶对心脏病、肾脏病、神经衰弱、高血压等有一定的治疗作用。常吃莴笋叶，有利于血管张力，改善心肌收缩力，加强利尿等。

酸辣菠菜沙拉

材料

菠菜 200 克，姜 50 克，盐、醋、胡椒粉、蒜泥、橄榄油各适量

做法

1 将菠菜用清水洗净，切成段，焯水后捞出沥干。
2 将姜清洗干净，切丝后备用。
3 将盐、醋、胡椒粉、蒜泥、橄榄油混合成料汁。
4 将菠菜、姜丝和料汁一起拌匀即可。

小贴士

　　姜中所含的姜辣素和二苯基庚烷类化合物的结构均具有很强的抗氧化和清除自由基的作用，而老年人常吃姜可除"老人斑"。由于姜具有加快人体新陈代谢、通经络等作用，常被用于男性保健。

PART 5

强身健脑沙拉

健康强壮的身体是每个人对健康生活追求的最终目标，如何吃才能实现完美的健康状态——健壮不生病的身体、灵活的大脑和旺盛的生命力？不妨从饮食的小细节做起，一盘原生态健康营养的蔬菜沙拉是个不错的选择！

南瓜沙拉

材料
南瓜140克，洋葱80克，芝麻菜50克，奶酪、彩椒、熟杏仁碎、罗勒叶各适量，盐1克，橄榄油、胡椒粉各少许

做法
1 南瓜、洋葱、彩椒、芝麻菜、罗勒叶洗净焯熟。
2 将上述食材和奶酪装盘。
3 取一小碟，倒入橄榄油、熟杏仁碎、盐调成料汁，将料汁淋在食材上，拌匀，再撒少许胡椒粉即可。

小贴士
奶酪营养成分极高，经常食用可强身健体。

西红柿鸡蛋沙拉

材料
西红柿200克，熟鸡蛋2个，小白菜150克，熟玉米粒少许，橄榄油、盐、白糖、醋各适量

做法
1 小白菜洗净，焯熟；西红柿洗净，切块；熟鸡蛋对半切开。
2 将所有食材放入碗中；将橄榄油、盐、白糖、醋调成料汁，将调好的料汁浇入碗中即可。

小贴士
小白菜有清热利水、防老抗衰的作用。因小白菜性凉，故脾胃虚寒者不宜多食。

生菜核桃仁沙拉

材料

青苹果 90 克，核桃仁 80 克，生菜 100 克，奶酪 70 克，橄榄油 14 毫升，橙汁、白糖、盐、胡椒粉各适量

做法

❶ 青苹果洗净，切扇形片；生菜洗净撕片。

❷ 将青苹果、奶酪、生菜、核桃仁一起放入盘中。

❸ 橄榄油、橙汁、盐、白糖、胡椒粉调成汁，淋在食材上，拌匀即可。

小贴士

　　青苹果营养丰富，不仅具有一般苹果的营养功效，如补心益气、益胃健脾等，止泻效果也很好。青苹果还可以对抗抑郁症，对牙齿骨骼发育也很有帮助。不过胃酸过多以及脾胃虚寒者不宜多食青苹果。

胡萝卜包菜沙拉

材料

包菜 120 克，胡萝卜 90 克，白酒醋、鲜奶油、柠檬汁各适量

做法

❶ 将包菜洗净，切丝；胡萝卜洗净，削皮，切丝。

❷ 将包菜和胡萝卜装入碗中。

❸ 白酒醋、鲜奶油、柠檬汁调成料汁。

❹ 将料汁拌入沙拉中即可。

小贴士

　　白酒醋味道温和，大多做成沙拉酱，或与盐、胡椒粉等调和制成油醋酱或其他酱料。

胡萝卜甜菜根沙拉

材料

胡萝卜150克，甜菜根150克，沙拉酱、香草各适量

做法

❶ 胡萝卜、甜菜根分别用清水洗净去皮，切条，再切成丁。

❷ 锅中加适量清水烧开，倒入切好的胡萝卜和甜菜根，煮至熟透。

❸ 将煮好的胡萝卜和甜菜根捞出，盛入碗中，备用。

❹ 倒入适量沙拉酱，拌匀，将拌好的食材倒入盘中，饰以香草即可。

小贴士

胡萝卜营养丰富，含较多的胡萝卜素、糖类、钙等营养物质，对人体具有多方面的保健功能。

芝麻菜鸡蛋沙拉

材料

烤面包30克，芝麻菜45克，鸡蛋1个，葱花、沙拉酱各适量

做法

❶ 芝麻菜清洗干净，沥干水分；烤面包切成小块。

❷ 锅中注水，打入鸡蛋，煮至鸡蛋五分熟时熄火，取出鸡蛋。

❸ 将上述食材均摆入盘中，再撒少许葱花。

❹ 食用时，淋上沙拉酱即可。

小贴士

鸡蛋中的铁含量丰富，利用率100%，是人体铁的良好来源，是小儿、老年人、产妇以及贫血患者的良好补品。

胡萝卜核桃仁沙拉

材料

胡萝卜200克，核桃仁100克，生菜、西芹、橄榄油、盐、醋各适量

小贴士

核桃含有丰富的磷脂和赖氨酸，对于长期从事脑力劳动或体力劳动者，能有效地补充脑部营养。

做法

❶ 胡萝卜洗净，切丝；核桃仁洗净，沥干水分；生菜洗净，切丝；西芹洗净，切片，焯水。

❷ 取一小碟，将橄榄油、盐、醋装入碟中，拌匀，调成料汁。

❸ 将胡萝卜、核桃仁、生菜、西芹装盘。

❹ 将调好的料汁淋在食材上拌匀即可。

核桃仁　　　　　西芹

五彩果蔬沙拉

材料

西红柿 20 克,西蓝花 20 克,胡萝卜 15 克,橘子 10 克,芒果、黄桃各 20 克,酸梅 10 克,橄榄油适量

做法

① 胡萝卜去皮洗干净,切成条;西蓝花掰成朵,焯水;芒果去皮,切成薄片;黄桃切成薄片。

② 西红柿洗净,切成瓣;橘子剥皮,掰成瓣;酸梅洗净。

③ 取一碗,均匀摆上以上食材。

④ 淋上橄榄油即成。

小贴士

西蓝花中的营养成分,不但含量高,而且十分全面,主要包括蛋白质、碳水化合物、脂肪、矿物质、维生素 C 和胡萝卜素等。

甜菜根果仁沙拉

材料

甜菜根 300 克,核桃仁碎 30 克,茴香菜、胡椒粉各少许,橄榄油、盐各适量

做法

① 将甜菜根洗净,切成条,焯水后捞出。

② 将茴香菜洗净,取叶子备用。

③ 将胡椒粉、橄榄油、盐混合成料汁。

④ 将甜菜根装碗,撒上核桃仁碎,淋上料汁,饰以茴香菜的叶子即可。

小贴士

核桃仁含有较多的蛋白质及人体必需的不饱和脂肪酸,这些成分皆为大脑组织细胞代谢所需的重要物质,能滋养脑细胞,增强脑功能。

西红柿洋葱沙拉

材料

西红柿 270 克，洋葱 150 克，香葱 10 克，橄榄油、红酒醋、胡椒粉、芥菜子各适量

做法

1. 西红柿洗净，切片；洋葱洗净，切丝；葱洗净，切葱花。
2. 西红柿放入碗中，撒上葱和洋葱。
3. 取一小碟，加入橄榄油和红酒醋拌匀，淋入沙拉内，再撒上胡椒粉和芥菜子即可。

小贴士

洋葱含有前列腺素 A，能降低外周血管阻力，降低血黏度，可用于降低血压、提神醒脑、缓解压力、预防感冒和预防骨质疏松等，是中老年人不可多得的保健食物。

胡萝卜香菜沙拉

材料

胡萝卜 250 克，香菜叶少许，盐 1 克，橙汁、白酒醋、白糖、橄榄油各适量

做法

1. 将胡萝卜洗净，去皮，刨丝，然后放入玻璃碗内；将香菜叶洗净备用。
2. 取一小碟，倒入橙汁、白酒醋、橄榄油、盐、白糖，调成料汁。
3. 将调好的料汁倒入玻璃碗中，拌匀，再饰以香菜叶即可。

小贴士

胡萝卜含有大量胡萝卜素，进入人体后，其中 50% 变成维生素 A，有补肝明目的作用。

包菜萝卜沙拉

材料

西红柿 60 克，紫甘蓝、生菜、胡萝卜、樱桃萝卜各 50 克，包菜 35 克，玉米粒、橄榄、芝麻菜各 10 克，橄榄油、白糖、醋各适量

做法

1. 西红柿、包菜、胡萝卜、紫甘蓝、生菜、芝麻菜、樱桃萝卜洗净，切好；橄榄洗净，去核；玉米粒洗净，焯水控干。
2. 取一盘，放入以上食材。
3. 加入橄榄油、白糖和醋，拌匀即可。

小贴士

樱桃萝卜可以蘸甜面酱生食，脆嫩爽口。

芦笋鸡蛋沙拉

材料

熟鸡蛋 1 个，芦笋 100 克，面包块 30 克，生菜少许，橄榄油、盐、沙拉酱各适量

做法

1. 鸡蛋对半切开；生菜洗净，垫入盘底；芦笋洗净，焯熟。
2. 将上述食材放入盘中，淋上少许橄榄油，撒上面包块，食用时，再放入盐、沙拉酱拌匀即可。

小贴士

芦笋的食用部位是其幼嫩茎，应选用新鲜、肉质洁白、质地细嫩的芦笋。

芸豆黄瓜沙拉

材料

芸豆 200 克，黄瓜 80 克，红薯 100 克，白糖、醋、橄榄油各适量

做法

❶ 将芸豆用清水洗净，焯水后捞出。

❷ 将红薯洗干净，切小块；白糖、醋、橄榄油调成料汁。

❸ 将黄瓜洗干净，切成薄片，摆放在盘底。

❹ 将芸豆、红薯先后放入盘中，再淋入料汁即可。

小贴士

　　芸豆营养丰富，是一种难得的高钾、低钠食品，尤其适合心脏病、动脉硬化、高脂血症和忌盐患者食用。

彩椒毛豆沙拉

材料

毛豆 150 克，彩椒 160 克，莲藕 100 克，盐、醋、蒜泥、橄榄油各适量

做法

❶ 将毛豆用清水洗净，切去两端，焯水后捞出备用。

❷ 将莲藕洗净，切条；彩椒洗净后切条；将盐、醋、蒜泥、橄榄油混合成料汁。

❸ 毛豆摆放在盘底，倒上其余食材，淋上料汁即可。

小贴士

　　莲藕微甜而脆，可生食也可做菜，而且药用价值相当高。用莲藕制成粉，能消食止泻、开胃清热、滋补养性，是适宜体弱多病者上好的食品。

烤土豆片沙拉

材料

土豆 80 克，西红柿、生菜、沙拉酱各适量

做法

❶ 土豆洗净，削皮，切成片；西红柿洗净，切块；生菜洗净，控干水分备用。

❷ 将土豆放入预热好的烤箱中烤约3分钟，取出备用。

❸ 再将切好的西红柿放入烤箱，以160℃的炉温，烤约3分钟后取出。

❹ 将生菜均匀地铺在碗中，再放入烤好的土豆和西红柿。

❺ 食用时，拌入沙拉酱即可。

小贴士

　　土豆是富含钾、锌、铁的食物，其所含的钾元素可预防脑血管破裂。

朝鲜蓟生菜沙拉

材料

朝鲜蓟罐头1个，圣女果150克，生菜100克，橄榄油12毫升，柠檬汁、盐、白糖各适量

做法

❶ 将朝鲜蓟罐头打开，取出适量朝鲜蓟，沥干汁水；圣女果洗净，对半切开；生菜洗净，沥干水分后撕成片状。

❷ 将上述食材均装入盘中。

❸ 取一小碟，加入橄榄油、柠檬汁、盐、白糖，拌匀，调成料汁。

❹ 将调好的料汁拌入食材中即可。

小贴士

　　朝鲜蓟的叶片含菜蓟素，有治疗慢性肝炎和降低胆固醇的功效。

土豆泥沙拉

材料

土豆 150 克，青菜 20 克，石榴籽少许，盐、沙拉酱、莳萝末各适量

做法

1. 青菜洗净，垫入盘中；土豆洗净，煮熟，取出，压成土豆泥。
2. 将土豆泥放在青菜叶上，撒上石榴籽、莳萝末。
3. 食用前加入沙拉酱拌匀即可。

小贴士

　　莳萝香气近似于香芹，温和而不刺激。将莳萝放到汤里、生菜沙拉及一些海产品的菜肴中，别有一番风味。

橄榄西红柿沙拉

材料

黑橄榄、西红柿、冬瓜各 60 克，黄瓜、生菜、彩椒、洋葱、奶酪各 30 克，橄榄油、盐、醋、胡椒粉各适量

做法

1. 西红柿、黄瓜、冬瓜、彩椒均洗净，切成块；锅中加清水烧开，将冬瓜、彩椒焯熟捞出；洋葱洗净切圈。
2. 取一盘，放入所有食材。
3. 加橄榄油、盐和醋，拌匀，撒少许胡椒粉即可。

小贴士

　　应该选购质地结实，包装内没有游离的水分的奶酪。

奶香西红柿沙拉

材料

西红柿 150 克，奶酪 150 克，薄荷叶、胡椒粉各少许，橄榄油、醋各适量

做法

❶ 西红柿洗净，切成厚片；奶酪切成厚片；将西红柿摆入盘中；把奶酪片隔片放入西红柿片中，撒上胡椒粉。

❷ 淋入橄榄油和醋，薄荷叶放盘中央即可。

小贴士

　　奶酪吃多了不容易消化，不适合肠胃不好的人食用。另外，奶酪胆固醇含量低，对心血管健康有利。

西红柿果蔬沙拉

材料

西红柿 100 克，洋葱、橄榄各 30 克，青椒、红椒各 20 克，生菜 60 克，橄榄油、盐、白糖、醋各适量

做法

❶ 西红柿洗净，切瓣；青椒、红椒和洋葱洗净，切成圈。

❷ 生菜、橄榄洗净，沥干水。

❸ 取一盘，加入以上所有食材；加入橄榄油、盐、白糖和醋，拌匀即可。

小贴士

　　辣椒能起到增强人的体力，缓解疲劳的作用。但是，溃疡、食道炎、咳喘、咽喉肿痛、痔疮患者应少食辣椒。

芹菜豆筋沙拉

材料

芹菜 100 克，豆筋 150 克，彩椒 50 克，土豆 30 克，盐、醋、胡椒粉、橄榄油各适量

做法

❶ 将芹菜用清水洗净，去掉叶子，切成段，焯水后捞出。

❷ 将豆筋清洗干净，切段，入开水焯熟。

❸ 将彩椒及去皮后的土豆洗净，切成丝。

❹ 将以上食材和盐、醋、胡椒粉、橄榄油拌匀即可。

小贴士

豆筋是一种营养丰富又可以为人体提供均衡能量的优质豆制品。每 100 克豆筋含有 14 克脂肪、25.2 克蛋白质、48.5 克糖类及其他的维生素和矿物元素。在运动前后吃豆筋，可以迅速补充能量。

莲藕黄瓜沙拉

材料

莲藕 200 克，黄瓜、胡萝卜各 50 克，红腰豆 120 克，盐、蒜泥、醋、橄榄油各适量

做法

❶ 将莲藕用清水洗净，去皮后切成块。

❷ 将黄瓜、胡萝卜清洗干净，分别切成块。

❸ 将红腰豆洗干净，焯水后捞出。

❹ 将以上食材和盐、蒜泥、醋、橄榄油拌匀即可。

小贴士

莲藕含铁量较高，常吃可预防缺铁性贫血。莲藕还富含维生素 C 和膳食纤维，对缓解便秘有一定功效。莲藕生食能凉血散淤；熟食能补心益肾，可补五脏之虚，强壮筋骨，滋阴养血。

脆丁沙拉

材料

甜菜根 150 克，胡萝卜 60 克，娃娃菜 50 克，香芹叶少许，奶油酱、香草碎各适量

做法

❶ 甜菜根、胡萝卜均用清水洗干净切丁，焯水；娃娃菜用清水洗干净，撕片；香芹叶用清水洗干净，沥干水分。

❷ 取一盘，然后将娃娃菜铺在盘底，摆成花朵状。

❸ 再将甜菜根、胡萝卜摆在娃娃菜上。

❹ 拌入适量奶油酱，撒上少许香草碎。

❺ 最后在沙拉上饰以香芹叶即可。

小贴士

　　胡萝卜含有丰富的维生素 A，有促进机体正常生长与繁殖、防止呼吸道感染及保持视力正常、辅助治疗夜盲症等功效。

土豆沙拉

材料

土豆 280 克，芝麻菜 10 克，酸奶油、蛋黄酱、白酒醋、盐、胡椒粉各适量

做法

❶ 土豆削去皮，用清水洗净，切成块，煮熟；芝麻菜用清水洗净。

❷ 取一盘，然后将处理好的土豆和芝麻菜放入盘中。

❸ 再倒入酸奶油、蛋黄酱、白酒醋、盐、胡椒粉，拌匀即可。

小贴士

　　芝麻菜含有多种维生素、矿物质等营养成分，为药食兼用的野生植物，其嫩茎叶则可作野菜食用，在中国民间有悠久历史。

胡萝卜豌豆沙拉

材料

胡萝卜100克，豌豆20克，橄榄油、盐、醋各适量

做法

① 胡萝卜洗净，切片；豌豆洗净，焯熟。

② 将上述食材装入碗里，加入橄榄油、盐和醋，拌匀即可。

小贴士

    胡萝卜的营养十分丰富，具有很好的医疗保健作用。胡萝卜作为一种带根皮的蔬菜，其根部和皮壳中含有大量的无机盐和营养素，具有强身壮体、御寒的功效。每天食用适量的胡萝卜，可以预防癌症，有防病抗癌的作用。

鹰嘴豆圣女果沙拉

材料

鹰嘴豆100克，圣女果20克，黄瓜10克，香菜叶5克，橄榄油、白糖、醋、酱油各少许

做法

① 鹰嘴豆浸泡，将其煮软熟透；圣女果洗净，切半；黄瓜洗净，去皮切圆片。

② 取一盘，装入鹰嘴豆、圣女果、黄瓜。

③ 加入橄榄油、白糖、醋和酱油，拌匀。

④ 撒上洗净的香菜叶即可。

小贴士

    鹰嘴豆是一种很好的植物氨基酸补充剂，有较高的医用保健价值，对儿童智力发育、骨骼生长以及中老年人强身健体都有着非常重要的作用。

小菘菜沙拉

材料

小菘菜 120 克，黄瓜、西红柿各 80 克，紫天葵、欧洲菊苣各适量，橄榄油、醋、盐、白糖各少许

做法

① 小菘菜、紫天葵均洗净，沥干水分备用。
② 黄瓜洗净，切小块；西红柿洗净，切块；欧洲菊苣洗净，切碎。
③ 将上述食材均摆入碗中。
④ 取一小碟，里面加入橄榄油、醋、盐、白糖，拌匀，调成料汁。
⑤ 待食用时，将料汁淋在食材上即可。

小贴士

　　小菘菜质柔嫩，味道鲜美，营养价值极高，有防癌的功效。

培根抱子甘蓝沙拉

材料

抱子甘蓝 300 克，小腊肠、培根各 50 克，橄榄油、醋、盐、白糖各适量

做法

① 抱子甘蓝洗净，控干水分备用；培根放入平底锅中煎熟；小腊肠切好。
② 将抱子甘蓝、培根、小腊肠装入碗中。
③ 取一小碟，加入橄榄油、醋、盐、白糖，拌匀，调成料汁。
④ 将调好的料汁均匀地淋在食材上即可。

小贴士

　　抱子甘蓝的小叶球蛋白质的含量很高，居甘蓝类蔬菜之首，维生素 C 和微量元素硒的含量也较高。

圣女果生菜沙拉

材料

圣女果 120 克，奶酪 80 克，生菜、鳄梨各适量，罗勒叶少许，橄榄油 10 毫升，柠檬汁、盐各适量

做法

❶ 圣女果洗净，对半切开；生菜洗净，撕好；鳄梨洗净，去皮，去核，切片；罗勒叶洗净。

❷ 先将生菜盛入碗中，再倒入圣女果、鳄梨；取一小碟，倒入橄榄油、柠檬汁、盐，拌匀调成料汁。

❸ 调好的料汁淋在食材上，放入奶酪，饰以罗勒叶即可。

小贴士

　　挑选鳄梨时，要选择软硬合适的，用手捏起来结实，稍稍有些软的最合适。鳄梨是叶酸的良好来源，叶酸能减少成年人患癌症和心脏病的概率。

圣女果

生菜

罗勒蚕豆沙拉

材料
蚕豆500克，蒜泥、洋葱末各5克，盐3克，罗勒叶、醋各适量

做法
1 将蚕豆放入锅中煮熟，捞出备用。
2 将罗勒叶洗净，控干水分后切碎。
3 将煮熟的蚕豆和切碎的罗勒叶放入碗中。
4 加入蒜泥、洋葱末、盐和醋拌匀即可。

小贴士
    蚕豆中含有大量钙、钾、镁、维生素C等，并且氨基酸种类较为齐全。蚕豆中含有调节大脑和神经组织的重要成分钙、锌、锰等，并含有丰富的胆碱，有增强记忆力的作用。

胡萝卜奶酪沙拉

材料
烤面包片100克，奶酪100克，胡萝卜1根，盐、色拉油、醋、香菜叶各适量

做法
1 将胡萝卜用清水洗净，去皮后切成圆片。
2 将盐、色拉油、醋调成料汁，胡萝卜放入料汁里搅拌。
3 将奶酪放在烤面包片上。
4 胡萝卜放在奶酪上，饰以香菜叶即可。

小贴士
    奶酪能增强人体抵抗疾病的能力，促进代谢，增强活力，保护眼睛。而奶酪中的乳酸菌及其代谢产物对人体有一定的保健作用，有利于维持人体肠道内正常菌群的稳定和平衡，防治便秘和腹泻。

胡萝卜洋葱沙拉

材料

花菜、胡萝卜、洋葱、圣女果各 80 克，沙拉酱适量

做法

❶ 花菜洗净，切成块；胡萝卜洗净，切成条；洋葱洗净，切成块；圣女果洗净。

❷ 花菜、胡萝卜、洋葱分别放入沸水锅中，焯水以后捞出备用；将花菜、胡萝卜、洋葱、圣女果一起装入盘中。

❸ 挤入沙拉酱拌匀即可。

小贴士

　　洋葱中的营养成分十分丰富，不仅富含钾、维生素 C、叶酸、锌及纤维质等营养素，更有两种特殊的营养物质——槲皮素和前列腺素 A，从而使洋葱具有预防癌症、增强免疫力等功效。

罗勒叶西红柿沙拉

材料

西红柿 120 克，黄瓜 60 克，洋葱 50 克，盐、罗勒叶、橄榄油、醋、胡椒粉各适量

做法

❶ 将西红柿洗净，切成块状。

❷ 黄瓜洗净，切成片；洋葱洗净，切成条。

❸ 将以上食材和盐、橄榄油、醋、胡椒粉一起拌匀。

❹ 最后放上罗勒叶即可。

小贴士

　　黄瓜具有利水利尿、清热解毒、减肥瘦身的功效，洋葱具有降低血压、提神醒脑、预防感冒、延缓衰老的功效。两者搭配食用，具有降压降脂、增强体质、延年益寿的功效。

彩椒绿豆芽沙拉

材料

彩椒、胡萝卜、生菜各 80 克，黄瓜 100 克，绿豆芽 50 克，紫甘蓝、胡椒粉、盐、橄榄油各适量

做法

❶ 将彩椒、胡萝卜洗净，切长条；黄瓜洗净，切成块；将生菜洗净，切碎；紫甘蓝洗净，切碎。

❷ 将绿豆芽洗净，入锅焯水，捞出备用。

❸ 将以上准备好的食材与胡椒粉、盐和橄榄油一起拌匀即可。

小贴士

　　每 100 克绿豆芽中维生素 C 的含量为 30~40 毫克，还含有磷、铁和大量水分。绿豆芽不仅能清暑热、通经脉、解诸毒，还具有补肾利尿的功效。

奶参芥菜沙拉

材料

奶参 120 克，芥菜 70 克，生菜叶 50 克，红辣椒酱、醋、糖、蒜末、芝麻盐各适量

做法

❶ 将奶参用木槌打扁，在盐水里洗净，然后将之撕成细丝，挤干水分；生菜叶洗净。

❷ 将芥菜切成 5 厘米长的小段。

❸ 将芥菜和奶参丝拌在一起，放入红辣椒酱、醋、糖、蒜末、芝麻盐拌匀，以生菜叶佐之。

小贴士

　　芥菜中富含维生素 A、B 族维生素、维生素 C 和维生素 D。芥菜还含有大量的抗坏血酸，是活性很强的还原物质，能激发大脑对氧的利用，有提神醒脑、缓解疲劳的作用。

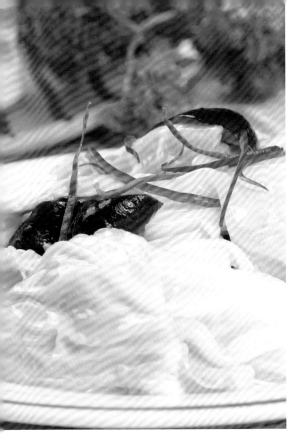

白菜金针菇沙拉

材料

白菜 350 克，金针菇 100 克，水发香菇 20 克，彩椒 10 克，盐、醋、蒜末、橄榄油各适量

做法

1. 白菜洗净，撕大片，焯水后捞出备用；香菇洗净后切块，焯水；金针菇去尾，洗净后焯水；彩椒洗净，切丝备用。
2. 将盐、醋、蒜末、橄榄油混合成调料汁。
3. 将白菜、香菇、金针菇与料汁一起拌匀，装盘，撒上彩椒丝即可。

小贴士

　　白菜中微量元素钙的含量很高，每 100 克大白菜中含钙 43 毫克，一杯熟的大白菜汁能够提供几乎与一杯牛奶一样多的钙，因此，白菜不仅能益胃生津、清热除烦，还具有强身健体的功效。

茄子奶酪沙拉

材料

茄子 1 根，西红柿 2 个，奶酪 100 克，色拉油、罗勒叶、胡椒粉各适量

做法

1. 将茄子、西红柿洗净后分别切薄片。
2. 奶酪洗净后切成块；罗勒叶洗净备用。
3. 将茄子涂上色拉油放入烤箱中烤熟。
4. 将茄子、西红柿、奶酪摆放在盘中，放上罗勒叶，撒上胡椒粉即可。

小贴士

　　茄子含有皂草苷，可促进蛋白质、脂质、核酸的合成，提高供氧能力，改善血液流动，增强免疫力。茄子含有龙葵碱，能抑制消化系统肿瘤的增殖，对于防治胃癌有一定效果。

茼蒿沙拉

材料
茼蒿 60 克，葱末、蒜末各 5 克，酱油、盐、色拉油各适量

做法
❶ 将茼蒿处理干净，去除较硬的粗梗。
❷ 茼蒿在盐水中焯好后用冷水冲洗，沥干。
❸ 将茼蒿内的水挤出，加入酱油、盐、葱末、蒜末、色拉油拌匀即可。

小贴士
　　茼蒿里含有多种氨基酸，有润肺补肝、稳定情绪、防止记忆力减退等作用，而且茼蒿里还含有粗纤维，有助于肠道蠕动，能促进排便，从而可以达到通便利肠的目的。茼蒿还含有一种挥发性的精油以及胆碱等物质，具有降血压、补脑的作用。

营养蔬菜沙拉

材料
黄瓜、荸荠、胡萝卜、腌芥菜丝、鸡腿菇、韭黄、熟板栗各 150 克，沙拉酱适量

做法
❶ 黄瓜、荸荠洗净，均切丝；韭黄洗净切段；鸡腿菇洗净，切片，入沸水中焯熟。
❷ 将所有食材装盘，沙拉酱装入小碗，食用时拌上沙拉酱即可。

小贴士
　　板栗含有极高的糖类、脂肪、蛋白质，还含有钙、磷、铁、钾等矿物质以及维生素 C、维生素 B_1、维生素 B_2 等，有健脾益气、补肾壮腰、强筋止血和消肿强心的功效。

洋葱西红柿沙拉

材料

生菜150克，西红柿2个，洋葱80克，黄瓜100克，彩椒1个，盐、奶酪、橄榄油、醋、胡椒粉、孜然各适量

做法

❶ 将生菜用清水洗干净，晾干备用；西红柿洗净后切块；洋葱、黄瓜、彩椒洗净，洋葱、彩椒切成圈，黄瓜切片；奶酪切块。

❷ 将生菜铺在碗底，西红柿、洋葱、黄瓜、奶酪、彩椒倒入碗中，加入盐、橄榄油、醋、胡椒粉、孜然一起拌匀，倒在生菜上即可。

小贴士

　　生菜具有降低胆固醇、抗病毒等功效，洋葱具有降低血压、提神醒脑等功效，搭配食用，有降压降脂、增强免疫力的功效。

紫薯土豆沙拉

材料

紫薯300克，土豆200克，罗勒叶20克，盐3克，白糖6克，芥末6克，醋、沙拉酱、橄榄油各适量

做法

❶ 紫薯洗净去皮，切块，过水焯熟；土豆洗净，切块后焯熟；罗勒叶洗净，切段。

❷ 将紫薯和土豆放入冰水浸泡20分钟，沥干装碗，加盐、白糖、芥末、醋、橄榄油拌匀，撒上罗勒叶。

❸ 淋入沙拉酱食用即可。

小贴士

　　紫薯除了含有一般红薯具有的营养元素外，还含有硒元素和花青素，花青素对多种疾病有防治作用；经常食用紫薯，有健美、减肥和健身的功效，还可以增强免疫力。

花菜西蓝花沙拉

材料

花菜 250 克，西蓝花 200 克，醋 5 毫升，辣椒油 8 毫升，盐 3 克，生抽适量

做法

1. 花菜掰成小块，洗净放入沸水中焯熟后待用；西蓝花掰成小块，洗净放入沸水中焯熟后待用。
2. 将辣椒油、盐、醋、生抽放入碗内调成汁，浇在花菜和西蓝花上，拌匀即可。

小贴士

花菜含有抗氧化、防癌症的微量元素，花菜的维生素 C 含量极高，能促进肝脏解毒，增强人的体质，提高人体免疫功能。

罗勒叶彩椒沙拉

材料

柠檬 80 克，圣女果 100 克，罗勒叶 60 克，彩椒 1 个，盐 3 克，色拉油、胡椒粉、醋各适量

做法

1. 将柠檬洗干净，切薄片；圣女果洗净，备用；将罗勒叶用清水洗净，晾干备用。
2. 将彩椒清洗干净，切成圈。
3. 将以上食材和盐、色拉油、胡椒粉、醋拌匀即可。

小贴士

彩椒中含丰富的维生素 A、B 族维生素、维生素 C、糖类、纤维质、钙、磷、铁等营养素，其中维生素 A 和维生素 C 含量是蔬菜中最高的。常食用彩椒，能增强人的体力，缓解疲劳。

莲藕芹菜沙拉

材料

莲藕100克，芹菜50克，黑木耳80克，扁豆、彩椒、盐、生抽、橄榄油各适量

做法

❶ 莲藕洗净，切成薄片；芹菜洗净后切成长段备用。

❷ 黑木耳泡发、洗净；扁豆和彩椒洗净后切成块状。

❸ 将准备好的芹菜和扁豆、黑木耳分别放入开水中焯熟。

❹ 将所有食材及盐、生抽、橄榄油放入盘中拌匀即可。

小贴士

芹菜富含蛋白质、碳水化合物、胡萝卜素、B 族维生素和钙、铁等，具有平肝清热、降低血压、健脑镇静、防癌抗癌等功效。

绿豆芽彩椒沙拉

材料

豆皮300克，绿豆芽200克，彩椒30克，盐4克，生抽8毫升，色拉油适量，柠檬果醋酱1份

做法

❶ 豆皮、彩椒清洗干净，切成细丝；绿豆芽洗净，掐去头尾备用。

❷ 将绿豆芽放入开水中稍烫，捞出沥干；将豆皮、绿豆芽、彩椒放入容器中。

❸ 往容器里加盐、生抽、色拉油、柠檬果醋酱搅拌均匀，装盘即可。

小贴士

绿豆在发芽过程中，维生素 C 会增加很多，而且部分蛋白质也会分解为各种人体所需的氨基酸。绿豆芽不仅能清暑热，还能利尿、降低血脂和软化血管。

油麦菜沙拉

材料

油麦菜 300 克，干红椒 20 克，盐 3 克，色拉油 10 毫升，醋、食用油各适量

做法

❶ 干红椒洗净切段，入油锅稍炸后取出；油麦菜洗净，入沸水中焯水后捞出，沥干水分，切成长短一致的长段。

❷ 将油麦菜调入盐、醋，搅拌均匀。

❸ 撒上干红椒，淋入色拉油即可。

小贴士

油麦菜富含维生素、钙、铁、蛋白质等营养成分，是生食蔬菜中的上品。此外，油麦菜具有清燥润肺、化痰止咳等功效，是一种低热量、高营养的蔬菜。

草菇芥菜沙拉

材料

草菇 150 克，芥菜 100 克，橄榄油 10 毫升，蒜末 3 克，番茄酱、盐、醋、清高汤各适量

做法

❶ 将草菇用清水洗净，切成片，焯水后捞出；将芥菜清洗干净，焯水后捞出沥干。

❷ 将蒜末、番茄酱、盐、醋、橄榄油、清高汤调成料汁；将草菇和芥菜装盘，淋上料汁即可。

小贴士

芥菜中富含维生素 A、B 族维生素、维生素 C。芥菜还含有大量的抗坏血酸，是活性很强的还原物质，参与机体重要的氧化还原过程，能增加大脑中的氧含量，激发大脑对氧的利用，有提神醒脑、缓解疲劳的作用。

胡萝卜绿豆芽沙拉

材料

胡萝卜120克，绿豆芽100克，盐3克，醋、胡椒粉、橄榄油各适量

做法

❶ 将胡萝卜用清水洗净，切丝备用；将绿豆芽用清水洗净，焯水后捞出。

❷ 将盐、醋、胡椒粉、橄榄油调成料汁。

❸ 将胡萝卜丝和绿豆芽混合装盘，淋上料汁即可。

小贴士

　　绿豆芽中含有丰富的烟酸、维生素 B_1 以及胡萝卜素。经常食用绿豆芽可清热解毒、利尿除湿。绿豆芽富含纤维素，是便秘患者的健康蔬菜，而且它还含有维生素 B_2，可以用来辅助治疗口腔溃疡。

双耳胡萝卜沙拉

材料

黑木耳、银耳各80克，芹菜70克，胡萝卜60克，黑芝麻、盐、醋、橄榄油各适量

做法

❶ 将黑木耳、银耳洗净、泡发，焯水后捞出沥干。

❷ 将芹菜用清水洗净，切段，入开水焯熟。

❸ 将胡萝卜洗净，切片，再刻花。

❹ 将以上食材和黑芝麻、盐、醋、橄榄油拌匀即可。

小贴士

　　黑芝麻含有大量的脂肪和蛋白质，还含有糖类、维生素 A、卵磷脂、钙、铁等营养成分。另外，黑芝麻富含维生素 E，而维生素 E 除了具有良好的抗氧化作用之外，还对人体的生育功能具有良好的促进作用。

蕨菜胡萝卜沙拉

材料

蕨菜 120 克，口蘑 80 克，胡萝卜 50 克，醋、橄榄油各适量，盐 3 克

做法

① 将蕨菜用清水洗净，切成段，焯水后捞出沥干。

② 将口蘑清洗干净，切片，入开水焯熟。

③ 将胡萝卜洗净，切成条备用；将以上食材和盐、醋、橄榄油拌匀即可。

小贴士

　　蕨菜所含的纤维素有促进肠道蠕动，减少肠胃对脂肪吸收的作用。

白果西芹沙拉

材料

白果 100 克，西芹 120 克，彩椒 100 克，盐、白糖、橄榄油各适量

做法

① 将白果用清水洗净，焯水后捞出。

② 将西芹洗干净，切成片，入开水焯熟。

③ 将彩椒洗净，切成块备用。

④ 将以上食材和盐、白糖、橄榄油一起拌匀即可。

小贴士

　　白果除含有淀粉、蛋白质、糖类外，还含有维生素 C、维生素 B_2、胡萝卜素等微量元素以及银杏酸、银杏酚等成分，营养丰富。白果还具有改善大脑功能、增强记忆力等功效。

洋葱芦笋沙拉

材料

洋葱 150 克，芦笋 120 克，盐、醋、蒜末、橄榄油各适量

做法

❶ 将洋葱去皮、洗干净，切成小块。

❷ 将芦笋清洗干净，切段，入开水焯熟。

❸ 将盐、醋、蒜末、橄榄油混合制成料汁后备用。

❹ 洋葱、芦笋装盘，淋入料汁即可。

小贴士

　　芦笋以嫩茎供食用，质地鲜嫩，柔嫩可口。芦笋富含多种氨基酸、蛋白质和维生素，而且含量均高于一般水果和蔬菜，特别是芦笋中的天冬酰胺和微量元素硒、锰等，具有调节机体代谢，提高免疫力的功效。

鸡腿菇竹笋沙拉

材料

鸡腿菇 200 克，竹笋 180 克，彩椒 80 克，酱油 25 毫升，色拉油 5 毫升，盐、醋、葱花各适量

做法

❶ 将竹笋洗干净，焯水后捞出；彩椒洗净，去籽后切块。

❷ 鸡腿菇洗净，切成片，入开水焯熟备用。

❸ 将鸡腿菇、彩椒块和酱油、色拉油、盐、醋、葱花拌匀。

❹ 将竹笋放在盘底，倒上拌匀的鸡腿菇和彩椒块即可。

小贴士

　　鸡腿菇性平，味甘，具有清神益智、益脾胃、助消化和增加食欲等功效。常食鸡腿菇有助于增强人体免疫力。

坚果素衣沙拉

材料

包菜、核桃仁各 150 克，熟板栗 100 克，白果 50 克，奶油、油醋汁、沙拉酱各适量

做法

❶ 包菜洗净，焯熟，捞出沥干，切丝；白果入水焯熟，捞出沥干，切碎备用。

❷ 核桃仁切小粒；熟板栗去皮，切碎备用。

❸ 将核桃碎、白果粒、板栗碎用油醋汁拌匀，加入奶油；将拌好的材料捏成小团，用包菜丝裹匀，淋入沙拉酱，加以装饰。

小贴士

坚果含有维生素 E、B 族维生素以及磷、钙、锌、铁等微量元素，具有补脑益智、强身健体的功效。

豆皮千层卷沙拉

材料

豆皮 200 克，彩椒、葱各 60 克，香芹 100 克，黑醋、胡椒粉各适量，盐少许，橄榄油、沙拉酱各适量

做法

❶ 豆皮切成长方形片；香芹洗净，枝叶分离开，叶子留作装饰，茎切小段；彩椒洗净，去梗，切成圈；葱洗净，切段。

❷ 将葱段和香芹茎放入碗中，加入橄榄油、胡椒粉、黑醋拌匀。

❸ 豆皮平铺，放入材料，均匀卷起，用彩椒圈固定；饰以香芹叶，淋上沙拉酱即可。

小贴士

豆皮含有多种矿物质，可补充钙质，防止骨质疏松，促进骨骼发育，适宜身体虚弱、营养不良者食用。

黄花菜豆芽沙拉

材料

黄豆芽 100 克，荷兰豆 80 克，黄花菜 15 克，彩椒、盐各 3 克，蒜末、橄榄油各适量

做法

❶ 黄豆芽掐去头尾，洗净，放入沸水中焯一下，沥干水分；荷兰豆洗净，放入开水中烫熟，切成丝。

❷ 黄花菜洗净，切开，放入开水中焯一下；彩椒洗净，切丝。

❸ 将黄豆芽、荷兰豆、黄花菜装盘，再将盐、蒜末、橄榄油调匀，淋在食材上拌匀，撒上彩椒丝即可。

小贴士

常吃黄豆芽不仅对青少年生长发育、预防贫血等大有好处，还具有健脑、抗疲劳、抗癌等功效。

西红柿苦菊沙拉

材料

西红柿 100 克，黄瓜 10 克，橄榄 100 克，胡萝卜屑适量，苦菊、罗勒叶各少许，橄榄油、醋、胡椒粉各适量

做法

❶ 黄瓜洗净，去皮切成薄片；西红柿洗净，切厚片；橄榄切块。

❷ 苦菊和罗勒叶洗净控干水分。

❸ 将所有食材均匀摆入盘中；淋上橄榄油和醋，撒上胡椒粉即成。

小贴士

橄榄具有清肺利咽、生津、解毒的功效，可用于辅助治疗咽喉肿痛、心烦口渴等。

酸甜西红柿沙拉

材料

西红柿 150 克，罗勒叶 30 克，橄榄油、白糖、醋、生抽各适量

做法

① 西红柿洗净，切片备用；罗勒叶洗净。

② 将西红柿片放入盘中，排成一排。

③ 取一小碟，将橄榄油、生抽、白糖、醋搅拌均匀，调成料汁。

④ 将料汁淋在西红柿片上，在头尾处饰以罗勒叶即可。

小贴士

这道沙拉味道酸甜，营养丰富，清新可口，给人以夏日清爽的感觉。

土豆欧芹沙拉

材料

土豆 200 克，欧芹少许，橄榄油、醋、盐各适量

做法

① 土豆去皮，洗净，切成块；欧芹洗净，切碎备用。

② 锅中倒适量清水烧开，放入土豆，煮熟后捞出。

③ 将土豆盛入碗中，加入橄榄油、醋、盐拌匀，撒上欧芹碎即成。

小贴士

土豆含有大量的优质纤维素。每天食用土豆，可以减少脂肪摄入，把身体内多余的脂肪渐渐代谢掉。

蔬菜春卷沙拉

材料

生菜 15 克，彩椒 25 克，面皮 30 克，胡萝卜 20 克，奶酪 30 克，橄榄油、盐、醋各适量

做法

❶ 洗净的生菜撕成块；洗净的彩椒一半切长条，一半斜刀切圈；胡萝卜去皮洗净切条，焯水；奶酪切成块。

❷ 将上述食材淋上橄榄油、盐、醋拌匀。

❸ 拌匀的食材放入面皮中，卷成桶状即可。

小贴士

　　彩椒果肉厚而脆嫩，维生素 C 含量很丰富。彩椒能增强人的体力，缓解因工作、生活压力造成的疲劳。

杏仁苦瓜沙拉

材料

杏仁 60 克，苦瓜 180 克，枸杞子 8 粒，白糖 5 克，醋、橄榄油各适量

做法

❶ 将苦瓜用清水洗净，去皮后切成薄片，焯水后捞出；枸杞子用温水泡发。

❷ 将杏仁清洗干净，入开水焯熟。

❸ 将白糖、醋、橄榄油混合，拌成料汁。

❹ 将所有食材装盘，淋上料汁即可。

小贴士

　　枸杞子含有丰富的胡萝卜素、维生素 A、维生素 B_1、维生素 B_2、维生素 C 和钙、铁等营养成分，有清肝明目的功效，所以俗称"明眼子"。另外，枸杞子还具有增强免疫力、补气强精、滋补肝肾的功效。

生菜烤面包沙拉

材料

生菜 150 克，洋葱、彩椒各 60 克，烤面包片 80 克，盐 3 克，蜜枣、沙拉酱各适量

做法

❶ 将生菜洗干净，沥干水分；烤面包片切成小块。

❷ 将洋葱、彩椒洗净后分别切成块状。

❸ 上述食材装盘，用盐、沙拉酱拌匀。

❹ 最后放上蜜枣即可。

小贴士

蜜枣有益脾润肺、强肾补气和活血的功能，富含钙和铁，对防治骨质疏松有重要作用，是中老年人、处于生长发育高峰的青少年和女性补血的食疗佳品。

菠菜核桃仁沙拉

材料

菠菜 300 克，核桃仁 200 克，酱油、醋、盐、橄榄油各适量

做法

❶ 将菠菜洗净，过热水焯熟，沥干备用。

❷ 将核桃仁过热水，去皮备用。

❸ 酱油、醋、盐、橄榄油混合制成料汁。

❹ 将料汁淋在菠菜上，搅拌均匀，撒上核桃仁即可。

小贴士

核桃仁是健脑佳品，有辅助治疗神经衰弱的功效；核桃仁还具有补气养血、温肺润肠、消肿解毒等功效，对失眠、心悸、健忘等病症有很好的防治作用，是不错的食疗佳品。另外，核桃仁还具有抗衰老、保持皮肤光滑、保护心脏等作用。